石油教材出版基金资助项目

石油高等院校特色规划教材

工程测量实验与实习

吕　靖　李晶晶　主编

U0352460

石油工业出版社

内 容 提 要

本书在多年测量实验与实习教学经验的基础上，结合目前专业教学计划的内容与要求编写而成，针对工程测量实验、实习须知、测量基础实验和测量实习等给出了较为详尽的指导说明。本书遵照理论联系实际的原则，突出教与学的实用性和先进性，力求培养和锻炼学生的实际动手能力、分析问题与解决问题的能力。

本书可作为本科院校工程测量实践类教材，也可作为相关技术人员的实践性指导用书。

图书在版编目（CIP）数据

工程测量实验与实习 / 吕靖，李晶晶主编 . — 北京：

石油工业出版社，2020.3（2022.3重印）

石油高等院校特色规划教材

ISBN 978–7–5183–3883–2

Ⅰ . ① 工… Ⅱ . ① 吕…② 李… Ⅲ . ① 工程测量 – 高

等学校 – 教材 Ⅳ . ① TB22

中国版本图书馆 CIP 数据核字（2020）第 026963 号

出版发行：石油工业出版社

（北京市朝阳区安定门外安华里 2 区 1 号　100011）

网　　址：www.petropub.com

编辑部：（010）64523694　图书营销中心：（010）64523633

经　　销：全国新华书店

排　　版：北京乘设伟业科技有限公司

印　　刷：北京中石油彩色印刷有限责任公司

2020 年 3 月第 1 版　2022 年 3 月第 2 次印刷

787 毫米 × 1092 毫米　开本：1/16　印张：8

字数：147 千字

定价：16.00 元

PREFACE 前言

工程测量实验与实习是资源勘查工程、勘查技术工程、地质学、地球化学、土木工程、给排水工程、油气储运工程专业教学中不可缺少的重要实践环节。其主要任务是通过各种测量仪器的操作使用，使学生掌握实验和野外工作的基本方法与基本技能，培养和锻炼学生的实际动手能力、分析问题能力、解决问题能力，为后续课程的学习奠定扎实基础。

因为学习这门课程的专业比较多，所以在本书中根据不同的专业设计了不同的实验项目和实习内容。

全书共分五章。第一章为工程测量实验、实习须知，强调上课要求、仪器使用方法及注意事项，并列出记录、计算规则。第二章为实验、实习仪器的认识和检校，共7节内容，介绍了各仪器的结构、构造及使用方法。第三章为工程测量基础实验，共15个实验，是各个专业学生实验的基本内容，既包括传统测绘技术，也包括了测绘新设备、新方法的运用。第四章是工程测量实习部分，列出了集中实习开展的测量项目，包括地形、地物测绘，纵断面测量及制图，地质剖面测量等内容。第五章为实习场地介绍。

全书在内容安排上遵照循序渐进的原则，力求满足"工程测量"教学的系统性、适用性要求，综合各家之长处，结合本校自己专业的特点。为了便于学生巩固与提高，每个实验内容后面还附有注意事项和思考题。

本书经过十多年校内教材的使用和实践，尽管效果良好，但仍有不尽人意之处。为此，在本次正式出版之际，对相关内容作了适当的修改、完善和调整，力求完美。

全书由东北石油大学吕靖、李晶晶主编，张雁教授主审。同时得到杨丽艳、张欣、杨文婷的支持和帮助，在此表示衷心的感谢。

由于编者水平有限，时间仓促，错误之处在所难免，恳请同仁及学生在使用中提出宝贵意见，以便本书再版时修改完善。

编　者

2020 年 1 月

CONTENTS 目录

第一章　工程测量实验、实习须知

工程测量是一门实践性较强的课程，在整个工程测量教学过程中，实验、实习都是必不可少的教学环节。通过实验、实习可以进一步认识测量仪器的构造和性能、掌握测量仪器的使用方法、操作步骤和检验校正方法，同时学生通过亲手操作与观测记录成果、计算及处理数据，可以提高分析问题和解决问题的能力，加深对工程测量基本知识的理解和掌握，领会测量知识在生产实践中的应用。

一、测量实验、实习一般规定

（1）实验、实习之前，学生根据实验项目、实习任务和要求认真做好预习，明确实验目的、任务、步骤、操作方法、记录、计算和注意事项，以保证按时完成实验、实习任务。

（2）上实验、实习课时，学生应先认真听取教师对本次实验、实习方法与具体要求的讲解和布置，再以实验小组为单位，领取仪器及备品。在测量工作中学生应爱护仪器及备品，若有遗失和损坏，应按价赔偿。

（3）实验、实习不得迟到早退，应遵守纪律与操作规程，听从教师指导。初次接触仪器，未经教师讲解不得擅自对仪器进行操作，以免损坏仪器。

（4）实验、实习分小组进行，小组组长要负责全组同学的实验分工，合理安排时间，使每个同学轮流做到各项测量内容，同学之间提倡团结协作、相互配合。

（5）测量过程中，应爱护各种公共设施和花草树木。

（6）实验、实习记录是测量成果的重要凭据，务必遵守以下几点：

① 记录时，必须用 2H 或 3H 硬性铅笔，观测数据应随即记录到指定表格内。记录者应将记入的数据当即向观测者复诵一遍，以免读错、听错、记错。

② 记录字体一律用正楷书写，不得潦草，记错时用笔划去，并在其上方写上正确数据。记录数据不准转抄、涂改或用橡皮擦掉，严禁伪造数据。

③ 记录数据应准确表示观测精度，能读到毫米位的数据应记录到毫米位，能读到秒值的应记录到秒数位。

④ 表格上各项内容应填写齐全，并由观测者、记录者、检核人签名。实验、实习报告是实验成绩考核的依据之一，应妥善保存。

⑤ 记录数字要全，表示精度或占位的"0"不能省略。例如，水准尺读数 1.700 或 1.430，经纬仪度盘读数 147°08′00″，其中的"0"均不能省略。

⑥ 保持测量记录表格的整洁，不得将表格边部空白处及背面用做演算纸。

⑦ 实验、实习结束后，仪器及备品交回实验室。实验、实习报告及测量数据，应在指定时间内由学习委员收齐交给实验教师。

二、测量仪器的使用规则

测量仪器是贵重精密仪器，也是测绘工作者的武器，使用时必须精心使用，小心爱护。

（一）领用

（1）各小组严格按"测量实习备品发放清单"领用仪器（仪器箱子上有班组及仪器出厂编号），认真核对、清点、画"√"。

（2）领用时，每组当场清点备品件数及完好程度。仔细检查锁扣、拎手、背带是否牢固。有问题及时报告老师，进行调换。

（二）安装

（1）在水泥地面上先放小脚架，再架大三脚架，然后开箱取仪器。

（2）打开仪器箱，先看清仪器在箱内的安放位置，以便用毕后能按原位放回。

（3）用双手握住仪器基座或望远镜的支架，然后取出箱外，当即安放在三脚架上，随即旋紧固定仪器与三脚架的中心连接螺旋。严禁未拧紧中心连接螺旋就使用仪器。

（4）取出仪器后及时关好仪器箱，以免灰尘侵入。严禁用箱当凳坐人。

（三）使用

（1）转动仪器各部件时要谨慎操作，不能在没有放松制动螺旋的情况下强行转动仪器，也不允许握着望远镜转动仪器，而应握着望远镜支架转动仪器。

（2）旋动仪器各个螺旋时不宜用力过大，旋得过紧会损伤轴身或使螺旋滑牙，应做到手轻力小，旋得松紧适当。

（3）物镜、目镜等光学仪器的玻璃部分不能用手或纸张等物随便擦拭（只能用镜头纸擦拭），以免损坏镜头上的药膜。

（4）操作时，手、脚不要压住三脚架和仪器的非操作部分，以免影响观测精度。

（5）严禁观测过程中松动仪器与基座的连接螺旋。严禁无人看管仪器，以免发生意外。

（6）水准尺、花杆等木制品不可受横向压力，以免弯曲变形，不得坐压或用来抬仪器，更不能当标枪和棍棒玩耍。

（7）使用测绳、钢尺时，不得扭曲，不得踩踏和让车辆碾压，移动测绳、钢尺时，不得着地拖拉。

（8）仪器附件和备品（特别是垂球、铁桩、测钎）不要乱丢，用毕后应放在箱内原位或工具袋里，以防遗失。

（9）在烈日和毛毛雨天使用仪器，应撑测伞使仪器免受日晒和雨淋。

（10）使用中若发现仪器出现未知状况，要及时报告指导教师。

（四）搬站

（1）仪器长距离搬站，须将仪器收入仪器箱内，并盖好上锁，专人负责并小心背运，尽量避免震动。

（2）仪器短距离搬站，可将仪器连同三脚架仪器搬动，但要十分精心稳妥，即用右手托住仪器，左手包住脚架，并夹在左腋下贴胸稳步行走。

（3）搬仪器时须带走仪器箱及其他有关备品。

（五）收放

（1）先打开仪器箱，再松开仪器与三脚架的连接螺旋，取下仪器并放松制动螺旋，随后将仪器按原来位置放入箱内，关好上锁。

（2）检查其他备品工具是否齐全，并按原位放好。

（六）归还

（1）当实验、实习结束时，应及时归还仪器与备品，不得随意将其拿回寝室独自保管。

（2）归还时按"测量实习备品发放清单"当面点清全部仪器及备品，老师验收完毕后方可离去。

三、测量记录的要求

（1）测量资料记录一律选用硬性铅笔，2H 或 3H 均可。记录表头填写要齐全。

（2）观测者读报数后，记录者应及时按要求记入相应栏内，并重复回报所记数据以便核对。严禁另纸记录事后转抄现象。

（3）记录字体要端正清晰，记簿整洁，不允许涂擦已记数据，数字要记全，位数要对齐。表示精度或占位的"0"均不能省略。如测角中 93°09′00″ 不能省略记为 93°9′；又如水准测量中读数为 1.500m 不能记为 1.5m 等。

（4）观测数据的尾数不得更改，如角度测量中，秒级数字出错，应重测该测回；水准测量中，毫米级数字出错，应重测该测站；钢尺丈量距离时，毫米级数字出错，应重测该尺段。

（5）若尾数以外的数字出错，应用细横线划去错误数字，并在尾数字上方写出正确数字，但不能连环更改数字，如水准测量中黑、红面尺读数；角度测量中的盘左、盘右，距离测量中的往、返测，均不得同时更改，否则应重测。

（6）对记录数据更改不得超过两次，并在备注栏内注明原因。

（7）本站观测结束后，先不急于卸下仪器，必须在现场及时完成该站的计算和校核，确认无误后方可搬站。

（8）数据运算中凑整进位时，应按"四舍六进、（逢五）奇进偶舍"的原则处理，如 1.4355m、1.4365m、1.4356m、1.4364m，均记为 1.436m。

四、实验、实习纪律

（1）服从统一安排，严格作息时间，不迟到早退，无故旷课半天或事假超过两天者，实习成绩以零分计。

（2）野外实习期间，注意搞好群众关系，爱护老百姓的果木与农作物，对违反群众纪律和偷摘果实者，一切后果自负。

（3）实验、实习期间，不许单独外出，凡未经教师许可，外出造成责任事故者，后果由本人负责。

（4）严格仪器操作规程，对损坏仪器和丢失实习备品者，除按价赔偿外，酌情给予纪律处分。

（5）按要求上交实验、实习成果。对未完成实验、实习任务或未如数上交全部成果者，按比例扣除其实验、实习成绩。

第二章 实验、实习仪器的认识和检校

第一节 罗盘仪的认识和使用

一、实验目的

（1）认识罗盘仪的结构及各个主要部件。

（2）掌握方位角的概念，学会使用罗盘仪测方位角的方法。

二、仪器及备品

每组罗盘仪1个，花杆2根，记录板1块，记录纸2张，木桩3个。

三、罗盘仪的构造

罗盘仪的种类很多，常用的是八角罗盘，其主要构成部分有磁针、度盘和水准器等（图2-1）。

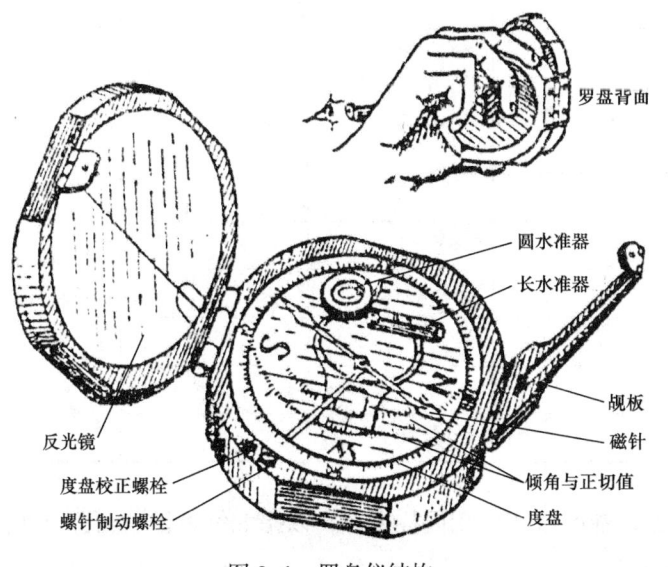

图2-1 罗盘仪结构

磁针：用人造铁制成，其中心装有凹形轴窝，以此支于度盘中心的钢针上，可以自由转动，当磁针转动而趋静止时，其北端指向磁北方向。

度盘：用铜式铝制的圆盘，按逆时针刻划 0°～360°，以便直接读取方位角。

照准器：装在 0°～180° 方向上一对折叠式觇板，与安在盒面的反光镜配合使用。

磁针制动器、圆水准器和长水准器：磁针制动器的作用是按下制动器，连杆把磁针托起，使它脱离顶针固定下来。圆水准器和长水准器主要是使度盘保持水平。

四、罗盘仪观测磁方位角的方法

（1）每组在地面上任选三个明显标志（如电线杆等），也可用木桩固定三个点，将它们组成三角形。要求每人测量该三角形三条边的正（或反）方位角，并换算成象限角。

（2）站在测站 A 上，安置罗盘仪，对中整平后，首先竖立起瞄准器，再转动反光镜面，使前方目标 B 能够在反光镜内形成影像；然后转动身体，使瞄准器的平分线、反光镜的标线和目标影像三者重合。按磁针制动器，以指北针读取 α_{ab}（正方位角）；并瞄准 C，同样方法，读取 α_{ac}（反方位角）。记入表 2-1。

表 2-1　罗盘测量磁方位角记录表

班组 _____　　　　日　期 _____　　　　观测者 _____
仪器 _____　　　　记录者 _____　　　　检查者 _____

测站点	瞄准点	正方位角 反方位角	象限角	示意图

（3）站在 B 点，瞄准 A、C，用同样方法，以指北针读数，得到 α_{ba}（反方位角）、α_{bc}（正方位角）。记入表 2-1。

（4）站在 C 点，分别瞄准 B、A，按上述方法，得到 α_{cb}（反方位角）、α_{ca}（正方位角）。记入表 2-1。

（5）检查：$\angle A=\alpha_{ac}-\alpha_{ab}$

　　　　　$\angle B=\alpha_{ba}-\alpha_{bc}$

　　　　　$\angle C=\alpha_{cb}-\alpha_{ca}$

应满足：$\angle A+\angle B+\angle C=180°\pm\Delta$（$\Delta$ 为误差总和）。

五、注意事项

（1）观测方位角时，姿势要正确，严格将罗盘仪置平置稳后再读数（图 2-2）。

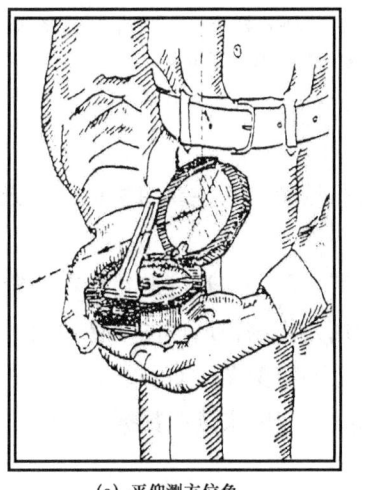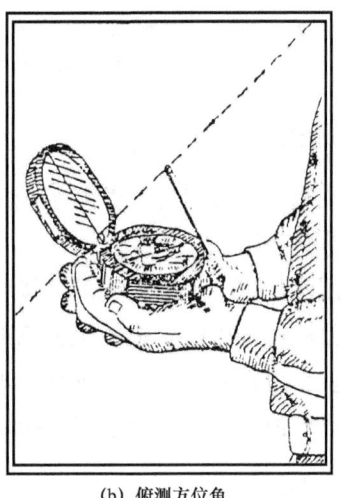

(a) 平仰测方位角　　　　　　　　　(b) 俯测方位角

图 2-2　测方位角方法

（2）测磁方位角时，要认清磁针北端，应避免铁器干扰，搬迁罗盘仪时要固定磁针。

（3）观测方位角时产生的误差总和规定在 $\pm3°$，若超限应重测。

思 考 题

什么是方位角？什么是磁方位角？什么是真方位角？

第二节　水准仪及水准尺的介绍

水准仪是为水准测量提供水平视线和对水准尺进行读数的一种仪器。根据精度可分为 DS$_{0.5}$、DS$_1$、DS$_3$、DS$_{10}$、DS$_{20}$ 几种不同型号的仪器。其中 "D" 和 "S" 分别为 "大地" 和 "水准仪" 汉语拼音的第一个字母，右下角的数字表示该类仪器的精度（即每千米往返测量中的误差，单位 mm）。目前较常用的是 DS$_3$ 型和自动安平水准仪。

一、DS$_3$ 型水准仪的构造

DS$_3$ 型水准仪由望远镜、水准器和基座三大部分组成，具体结构如图 2-3 所示。

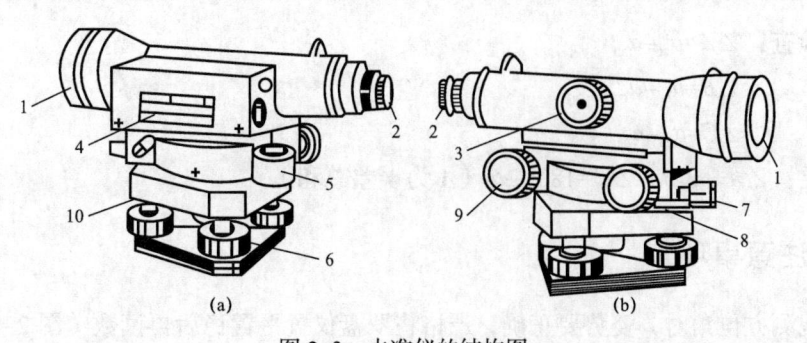

图 2-3　水准仪的结构图

1—物镜；2—目镜；3—对光螺旋；4—管水准器；5—圆水准器；6—脚螺旋；7—水平制动螺旋；

8—水平微动螺旋；9—微倾螺旋；10—三角板

（一）望远镜

望远镜用来瞄准远处目标，并对水准尺进行读数。它主要由物镜、对光透镜、十字丝分划板及目镜等部分组成。

物镜是采用两片以上透镜组成的透镜组，其作用是使远处的目标在镜筒内形成缩小而倒立的实像。目镜也采用组合透镜组，它的作用是将物镜所成的实像放大成为虚像。十字丝分划板是安装在目镜筒内的一块平板玻璃，上面有两条垂直长线，称为十字丝。观测时是利用十字丝分划板的中横丝与水准尺相切的某一刻度来读取数据。

（二）水准器

水准器有管水准器和圆水准器两种，主要用来整平仪器。

1. 管水准器

管水准器是一个两端密封的玻璃管。管内装酒精和乙醚的混合液，加热融封而成。冷却后在水准管内形成一个泡（图 2-4）。在 DS_3 型水准仪中，观测者通过水准管气泡观察窗观察气泡两端的影像。当气泡两端影像符合时，即成一个完整抛物线状表示气泡居中，如图 2-5（a）所示；若两端影像错开则表示气泡不居中，如图 2-5（b）所示。

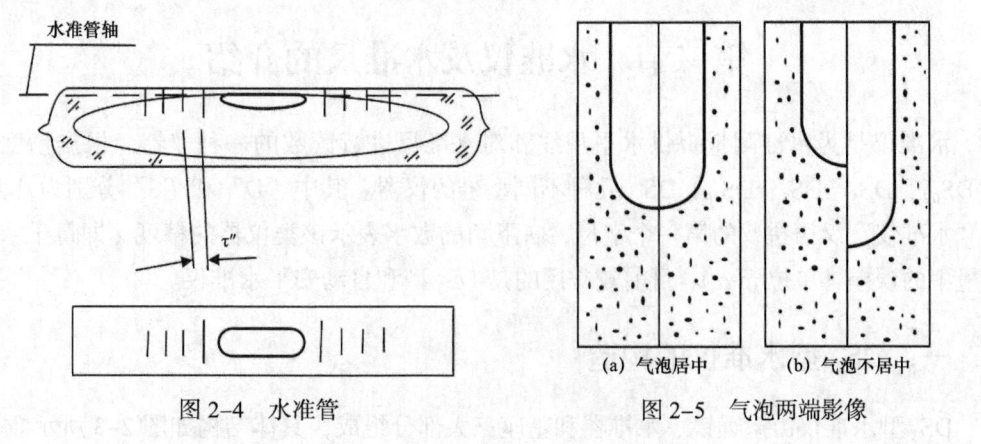

图 2-4　水准管　　　　　　　　　图 2-5　气泡两端影像

2. 圆水准器

圆水准器是一个密封的玻璃圆盒，盒内装有酒精和乙醚的混合液，并留有圆形气泡。球面中心刻有一个圆圈，圆圈中心称为圆水准器零点，当气泡中心和零点重合时，表示气泡居中，即仪器已被整平。

（三）基座

基座的作用有两个：一是支撑仪器；二是通过三个脚螺旋和圆水准器的配合使用，使仪器整平。

另外，DS$_3$ 水准仪还有以下四个重要螺旋：

（1）水平制动螺旋：使望远镜在水平方向上固定。

（2）水平微动螺旋：使望远镜在水平方向上小范围内左右移动。需要注意的是，在水平制动螺旋没制动时，水平微动螺旋处于失效状态。

（3）微倾螺旋：望远镜在竖直方向上旋转，主要用于调管水准器中的抛物线，使两端影像符合，从而使望远镜视线水平。

（4）对光螺旋：旋转对光螺旋使对光透镜前后移动，使目标的影像清晰落在十字丝分划板上。

二、DS$_3$ 型水准仪的操作

（一）安置脚架和连接仪器

测量仪器所安置的地点称为测站。在选好的测站上松开脚架伸缩螺旋，根据需要调整架腿的长度，将螺旋拧紧。安放三脚架时，使架头大致水平，其方法是将三脚架的脚尖摆放成一个等边三角形状，然后将脚尖踩入土中（若在水泥地面架仪器应先在地面平放一个小三角架，用以固定仪器的大三角架，防止滑动）。然后把水准仪从箱中取出，放到三脚架架头上，一手握住仪器，一手将大三脚架架头上的连接螺旋旋入仪器基座内，拧紧，并用手试推一下仪器，检验是否已真正连接牢固。

（二）粗平

水准仪的粗平是通过旋转仪器的脚螺旋使圆水准器的气泡居中达到。如图 2-6 所示，按"左手大拇指运动规则"旋转一对脚螺旋，再旋转一个脚螺旋使气泡居中。这是置平测量仪器的基本功，必须反复练习，熟练掌握。

（三）瞄准

进行水准测量时，用望远镜瞄准水准尺的步骤是：目镜调焦，使十字丝最清晰；放松制动螺旋、转动望远镜，通过望远镜上的缺口和准星初步瞄准水准尺，旋紧水平制动螺旋；进行物镜调焦，使水准尺分划十分清晰；旋转水平微动螺旋，使水准尺像的一侧靠近十字丝纵丝（便于检查水准尺是否垂直）；眼睛略作上下移动，检查十字丝与水准尺分划像之间是否有相对移动（视差）；如果存在视差，则重新进行目镜调焦与物镜调焦，以消除视差。

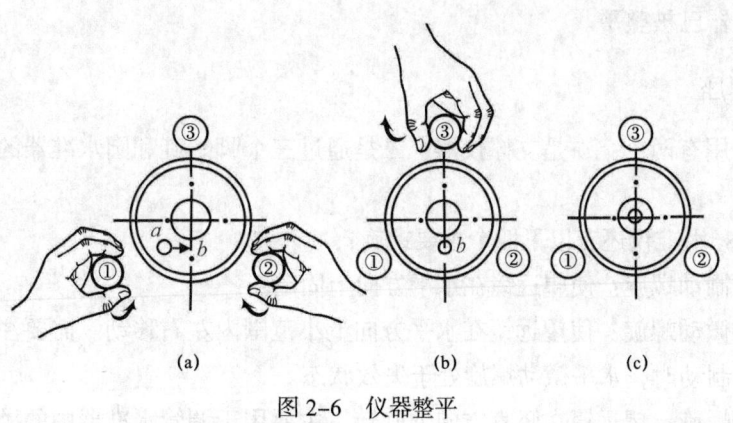

图 2-6　仪器整平

（四）精平

确定管水准器气泡居中，使水准仪的视线水平是水准测量中关键性的一步。转动微倾螺旋，使管水准器气泡居中；从目镜旁的气泡观察窗中，可以看到气泡两个半边的影像，符合时，即成一完整抛物线状，说明水准管气泡居中了。注意微倾螺旋转动方向与管水准器气泡影像移动方向应具有一致性。

（五）读数

在倒像望远镜中看到的水准尺影像是倒立的，为了读数方便，水准尺上的注记也是倒写的，在望远镜中看到数字是正的。根据十字丝的中横丝与水准尺相切的位置，可估读到毫米位，即可读出米、分米、厘米、毫米，但读数和记录均以毫米为单位表示。读数时要按照自上而下、从小到大的顺序，切勿读反。

三、水准尺

从制造材料上分，水准尺有木制、钢钢和玻璃钢制成的三种；从种类上分，水准尺有单面尺、双面尺、塔尺和折尺四种；从长度上分，水准尺有 2m、3m、4m、5m 四种。

经常使用的水准尺都是双面尺，又称红黑面尺，尺长 3m，两根尺为一对，尺子两面均有分划。黑面分划称为基本分划，底部起点为零；红面分划为辅助分划，底部起点不为零，与黑面相差常数 K。一种红面尺子分划从 4687 开始，另一种红面尺子分划从 4787 开始，两根尺子底数相差 0.1m，以供测量检核用。尺面每隔 1cm 涂以黑白或红白相间的分格，每分米下注有数字（图 2-7），读数时尺上数据应从上往下、从小到大读取。直接读出米、分米、厘米并估读到毫米位。在施测过程中一组数据应由一人独立读出，这样可以减少误差，提高精度。

在两个转点之间或在松软的土地上立水准尺时，为防水准尺下沉和点位移动，应使用尺垫。使用尺垫时将尺垫尖脚踩入地下，踏实。然后将尺立于尺垫半圆球顶部。

四、自动安平水准仪

自动安平水准仪是在仪器对光透镜和十字丝分划板之间装上一个补偿器，这个补偿器由固定在望远镜筒上的屋脊棱镜以及用金属丝悬吊的两块直角棱镜组成。当视线水平时读数正确，视线倾斜一个角度，因为有自动补偿装置存在，成像仍在十字丝中心上，所以读取的数据仍是正确的。

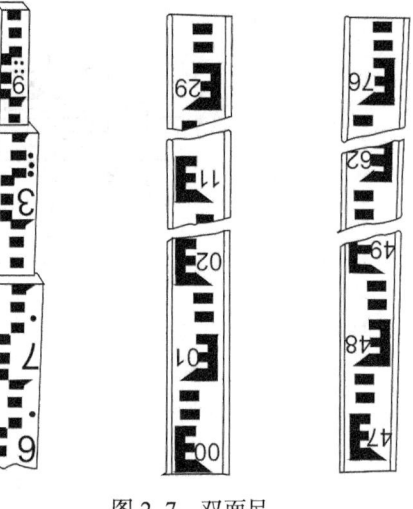

图 2-7　双面尺

操作自动安平水准仪比较简单。它与 DS$_3$ 型水准仪操作不同之处只是它不需调节水准管的符合影像，使气泡居中。只需打开自动补偿器开关，就可以直接在水准尺上读数。需要注意的是，读完数据后，应马上关掉补偿器开关，否则容易损坏仪器。

五、注意事项

（1）所有的螺旋应适中使用，拧到有紧的感觉就说明已经制紧了。

（2）仪器安放到三脚架上时必须旋紧连接螺旋，使之连接牢固。搬站时，仪器装箱后方可移动。

（3）从水准尺上读数必须是 4 位数，不到 1m 的读数，第一位数为零，如为整厘米、整分米读数，相应位数也应用零补齐。

第三节　水准仪的检验与校正

水准仪是水准测量的主要仪器，仪器本身的精度直接影响测量精度和工程质量，因此作为一名测量工作者，必须对仪器本身应满足的精度要求、仪器的方法有所了解和掌握。

进行水准测量时，水准仪必须提供一条水平视线。水准管气泡居中则视线水平，因此，水准仪的视准轴必须平行于水准管轴（CC∥LL），这是水准仪必须满足的主要条件。此外，水准仪还应满足以下两个条件：（1）圆水准轴平行于竖轴（L'L'∥VV）；（2）十字丝横丝垂直仪器竖轴。检验这些条件是否满足要求的过程称为仪器的检验和校正（图 2-8）。

一、一般检查

对仪器进行检验和校正前，首先要宏观上对仪器外观进行全面检查，检查内容包括：

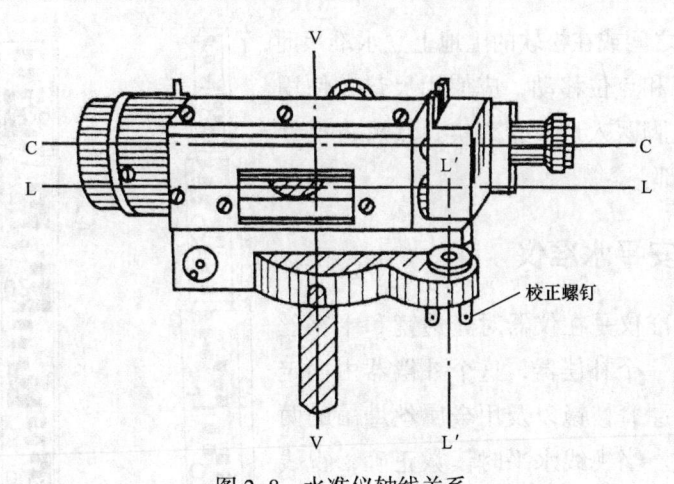

图 2-8　水准仪轴线关系

（1）仪器表面有无碰伤、划痕、脱漆等。

（2）仪器水平方向、竖直方向转动是否灵活、平稳。

（3）仪器制动螺旋是否有效，微动螺旋运转是否平稳可靠。

（4）目镜调节螺旋转动是否平稳，能否将十字丝调节清晰。

（5）物镜调节螺旋转动是否平稳，能否将目标调节清晰。

（6）读数窗有无霉斑、擦痕、麻点及脱模现象，成像是否清晰。

（7）三脚架伸缩是否灵活自如，仪器与三脚架连接是否牢固。

（8）对电子仪器除上述检查外，还必须检查：

①键盘各按键功能是否正常、反应是否灵敏；

②液晶显示屏显示各种符号是否清晰、完整、对比度适当；

③数据输出接口及外接电源接口是否完好，本机电池及其他附件是否齐全。

二、圆水准轴平行于竖轴的检验和校正

方法与步骤：转动脚螺旋使圆水准器气泡居中，将水准仪绕竖轴旋转 180° 后，若气泡仍居中，说明 L'L' ∥ VV 的条件满足，否则需要校正。校正时，先稍松动圆水准器底部中央的固定螺钉，再拨动圆水准器的校正螺钉，使气泡返回偏移量的一半，然后转动脚螺旋使气泡居中。如此反复检校多次，直至水准仪转至任何方向圆水准器气泡都处于居中位置为止，最后旋紧固定螺钉（图 2-9 和图 2-10）。

三、十字丝横丝垂直于纵轴的检验和校正

方法与步骤：整平水准仪，以十字丝横丝一端瞄准一点为标志，旋转水平微动螺旋，如标志运动轨迹始终与横丝重合，则说明十字丝横丝垂直于仪器竖轴，否则需要校正。

校正时旋下十字丝分划板护罩，用小螺丝刀松开十字丝外环固定螺钉，轻轻转动外环，使水平方向运动时标志不离开横丝，最后旋紧十字丝外环固定螺钉，并旋上十字丝分划板护罩（图 2-11）。

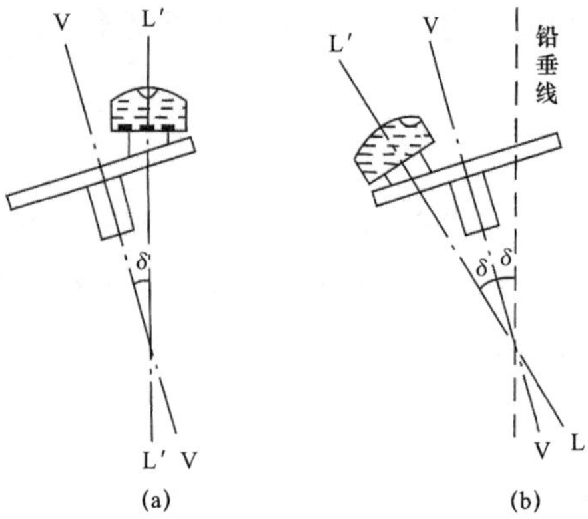

图 2-9　圆水准轴平行于竖轴的检验

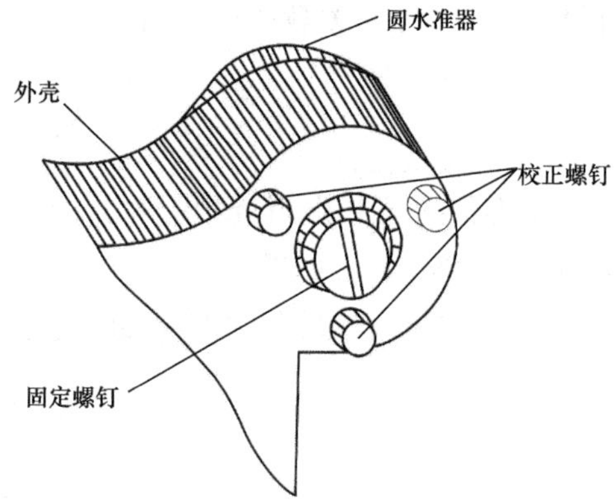

图 2-10　圆水准器的校正

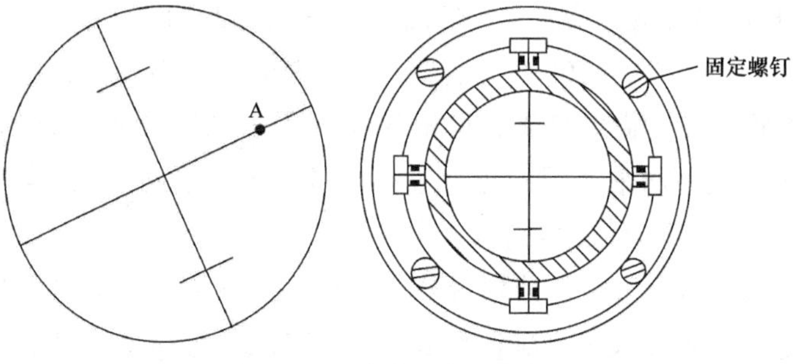

图 2-11　十字丝校正螺钉

四、水准管轴平行于视准轴的检验和校正

水准管轴平行于视准轴的检验和校正方法如图 2-12 所示。

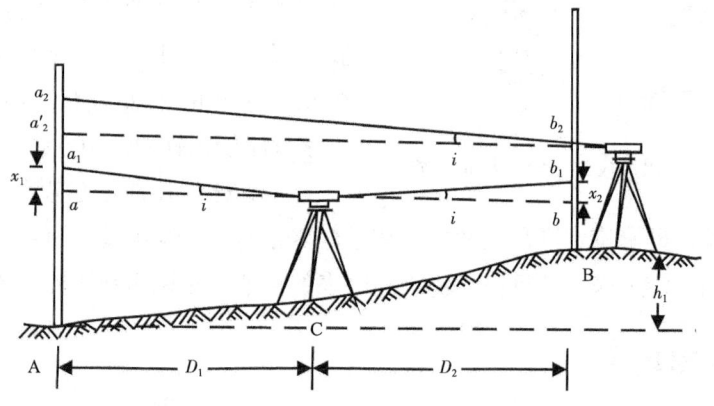

图 2-12　检验水准管轴平行于视准轴

在平坦地面选定相距 60～80m 的 A、B 两点（打木桩或安放尺垫），竖立水准尺。将水准仪安置于 A、B 两点之间的 C 面，精平仪器后分别读取 A、B 水准尺上的读数 a_1、b_1，然后原地改变仪器高度（降低或升高仪器约 10cm）再重读两尺读数 a_2、b_2，两次分

别计算高差 h_1、h_2，差数如在 5mm 以内，则取平均值作为 A、B 两点的正确高差 h_{AB}：

$$h_{AB} = \frac{1}{2}(h_1 + h_2)$$

将水准仪搬至 B 点附近相距约 2m 处，精平后分别读 A、B 水准尺上读数 a_2、b_2，又测得高差 $h_{AB}' = a_2 - b_2$，如果 $h_{AB}' = h_{AB}$，则说明水准管轴平行于视准轴；否则应按下式计算 A 尺应有读数 a_2' 及视准轴与水准管轴的交角（视线的倾角）i：

$$a_2' = h_{AB} + b_2$$

$$i = \frac{|a_2 - a_2'|}{D_{AB}}\rho''$$

式中，D_{AB} 为 A、B 两点之间距离；$\rho = 206265'' = 3438' = 57°29'58''$。

对于 DS$_3$ 级水准仪，当 $i > 20''$ 时，需要校正，校正方法有两种：

（1）校正水准管：转动微倾螺旋，使横丝在 A 尺上的读数从 a_2 移到 a_2'，这时视准轴已水平，但水准管气泡不居中，用校正针拨动水准管上、下两个校正螺钉，使气泡居中，这时水准管轴与视准轴平行（图 2-12）。

（2）校正十字丝：卸下十字丝分划板外罩，用校正针拨动十字丝环上、下两个校正螺钉，移动横丝，使其对准 A 尺上正确读数 a_2'，校正时要确保水准管气泡居中。

五、自动安平水准仪的检验和校正

自动安平水准仪的圆水准轴平行于竖轴的检验和校正与一般水准仪的检校方法相同。

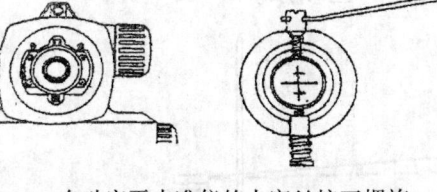

当圆水准气泡居中，视线水平的检验也同于一般水准仪的水准管轴平行于视准轴的检验，但在校正时，自动安平水准仪只能采取校正十字丝的方法。图 2-13 所示即为校正十字丝时校正针的使用方法。

图 2-13　自动安平水准仪的十字丝校正螺旋

自动安平水准仪还应增加一项补偿棱镜功能正常的检验，即瞄准水准尺读数后，用手轻轻击打三脚架架腿，可看到十字丝发生振动，但如能很快稳定下来，并且横丝仍瞄准原来的读数，则说明补偿棱镜的功能正常。

六、注意事项

（1）必须按顺序有步骤地进行检验和校正，不能随意颠倒。

（2）转动校正螺钉时应先松后紧，一次松紧范围要小，校正完毕，校正螺钉应处于稍紧状态。

（3）认真填写"水准仪检验与校正记录表"（表 2-2）。

表 2-2　水准仪检验与校正记录表

日期_____　　班组_____　　仪器号_____　　天气_____　　观测者_____　　记录者_____

1. 一般检查	
仪器外表有无损伤，脚架是否牢固	
仪器转动是否灵活，螺旋是否有效	
光学系统有无霉点	

2. 圆水准器轴平行于仪器竖轴

转 180° 检验次数	气泡偏离数（mm）

3. 十字丝横丝垂直于仪器竖轴

检验次数	固定点偏离横丝是否显著

4. 水准管轴平行于视准轴

仪器在中点求正确高差			仪器在 B 点旁检验校正		
第一次	A 点尺上读数 a_1		第一次	B 点尺上读数 b_2	
	B 点尺上读数 b_1			A 点尺上应读数 $a_2'=b_2+h_{AB}$	
	$h_1=a_1-b_1$			A 点尺上实际读数 a_2	
第二次	A 点尺上读数 a_1'			$i=\dfrac{a_2-a_2'}{D_{AB}}\rho$	
	B 点尺上读数 b_1'		第二次	B 点尺上读数 b_2	
	$h_1'=a_1'-b_1'$			A 点尺上应读数 $a_2'=b_2+h_{AB}$	
平均	平均高差 $h_{AB}=\dfrac{1}{2}(h_1+h_1')$			A 点尺上实际读数 a_2	
				$i=\dfrac{a_2-a_2'}{D_{AB}}\rho$	

第四节　经纬仪的认识及度盘读数

经纬仪是测绘工作者重要的测量工具（图 2-14），由于其精密程度高，结构复杂，操作起来有一定的难度，尤其对初学者，必须在全面了解仪器结构性能，掌握其正确操作方法的基础上，经过一段实践过程后，才能做到得心应手，灵活自如。

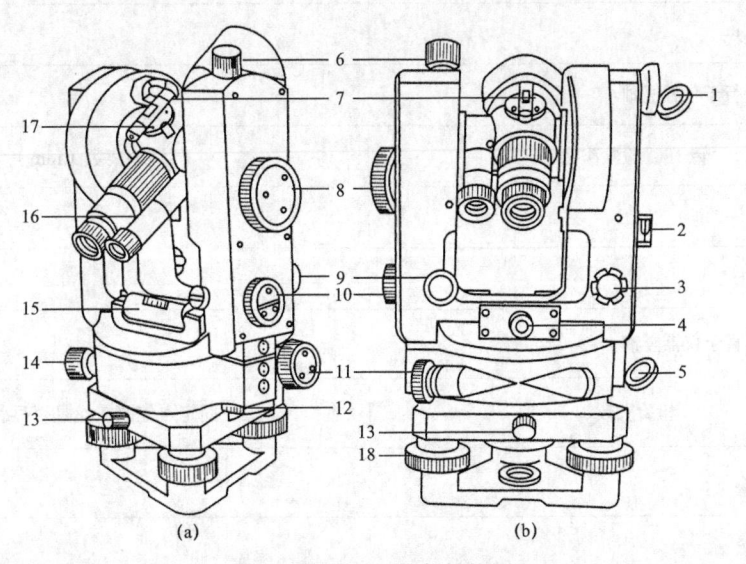

图 2-14　DJ₂ 经纬仪结构图

1—竖直度盘反光镜；2—竖盘指标水准管观察器；3—竖盘指标水准管微动螺旋；4—光学对中器目镜；
5—水平度盘反光镜；6—望远镜制动螺旋；7—光学瞄准器；8—测微器调节手轮；9—望远镜微动螺旋；
10—换像手轮；11—水平微动螺旋；12—水平度盘变位手轮；13—中心锁紧螺旋；14—水平制动螺旋；
15—照准部水准管；16—读数显微镜；17—望远镜反光镜手轮；18—脚螺旋

一、经纬仪主要部件、名称及其作用

（一）照准部

（1）望远镜。用于照准远处目标，主要由物镜、目镜、对光透镜及十字丝组成。观测时，先调清十字丝，然后利用望远镜上的瞄准器——准星和准门粗瞄目标，进而用十字丝精确瞄准目标。

（2）望远镜制动与微动螺旋及水平制动与微动螺旋。望远镜制动与微动螺旋用于准确控制望远镜的位置；水平制动与微动螺旋用于控制照准部在水平方向的转动。在使用螺旋时，只有当制动螺旋制紧时，微动螺旋才能发挥微动作用。先制动后微动，先松开制动螺旋才可转动仪器，这才是正确的操作方法。

（3）竖盘、竖盘指标水准管、调节竖盘水准管气泡的微动螺旋。

（4）照准部水准管（即长水准管），用于精确整平仪器。

（5）读数窗为仪器光路系统终点显微装置，用于读取观测数据。

（二）水平度盘

（1）水平度盘，是用光学玻璃制作的圆盘。一般刻度值为1°，从0°～360°；个别也有半度刻划的，它的作用是用来测量水平角。

（2）水平度盘读数变换装置，分水平度盘离合按钮式和水平度盘变换手轮式两种。

（3）反光镜，镜片可从0°～180°张合，整体旋转角度为0°～360°，可充分采集外界光线，用来照亮度盘刻划和读数窗便于读数。

（4）度盘读数转换装置，根据需要，可以改变读数光路。对双光路仪器而言，当改变读数转换装置时，要打开相应的反光镜（DJ_2）。

（三）基座部分

（1）基座，借助连接板与仪器脚架架头中心螺栓相连接，把仪器固定在三脚架上。

（2）脚螺旋，主要用于整平仪器。应注意：在安置仪器时，先要保证三脚架架头基本处于水平状态时，才能通过脚螺旋来进一步整平仪器，否则很难达到整平目的。

二、经纬仪的主要轴线及其轴线关系

（一）经纬仪的四条轴线

经纬仪主要有以下四条轴线：

（1）视准轴（CC）——物镜中心与目镜中心的连线。

（2）水平轴（HH）——望远镜旋转的中心线。

（3）竖轴（VV）——照准部旋转的中心线。

（4）水准管轴（LL）——沿长水准气泡居中时的切线。

（二）四条轴线的几何关系

水准管轴垂直于竖轴（LL⊥VV）；视准轴垂直于水平轴（CC⊥HH）；水平轴垂直于竖轴（HH⊥VV）；水平轴平行于水准管轴（HH//LL）（图2-15）。

这样当水准管轴水平时，则竖轴与铅垂线方向一致，同时水平轴水平，从而保证望远镜绕水平轴上下转动时，视准轴的轨迹为一竖直面。

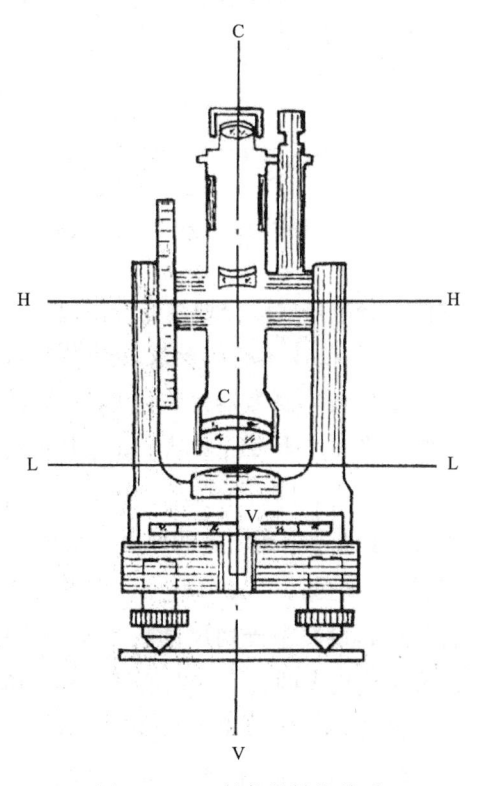

图2-15　经纬仪的轴线关系

三、读数制式及方法

（一）DJ₆光学经纬仪的读数装置和读数方法

DJ₆ 光学经纬仪的读数显微镜对度盘分划除起到放大作用外，为了精确读出其分划值，在读数显微镜光路中还设有测微装置。测微装置有两种，一种为分微尺测微器，另一种为平板玻璃测微器。

1. 分微尺测微器及其读数方法

分微尺测微器是在显微镜读数窗与场镜上设置一个分划板，分划板上划分了间隔相等的 60 个小格，称分微尺，度盘上的分划线经放大成像后与分微尺重合时，其分划 1° 的间隔等于分微尺上 60 个小格的宽度。这样就

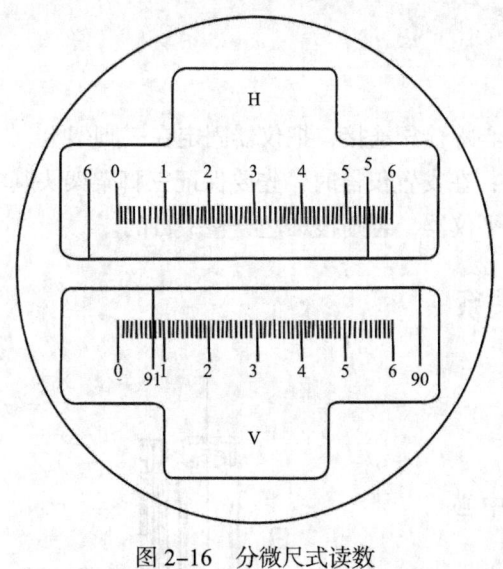

图 2-16 分微尺式读数

将度盘上的 1° 化分为 60′，微尺上 1 个小格即为 1′（图 2-16）。从读数显微镜看到的是水平度盘和竖直度盘及其分微尺的图像，上半部为水平度盘，下半部为竖盘，分别用 H、V 注明。其中两边的两条长线和大号字为度盘上分划线度数注记；分微尺上的小格每隔 10′ 为长分划线，并注分划值为 0、1、……、6，代表 0′、10′、……、60′。读数的指标线就是分微尺上的 0′ 分划线，即度盘分划值是 0′ 所指的两个度分划值之间。比如，图中 0′ 分划线在 5° 和 6° 之间，水平度盘读数为 5°54.6′；同理，竖盘读数为 91°07.8′。可知读数时度数是取度盘分划线在分微尺内的分划值，分数是取该分划线在分微尺小格中的位置，可到 0.1′。

2. 平板玻璃测微器及其读数方法

平板玻璃测微器是将平板玻璃与测微分划尺连接在一起。由于平板玻璃的转动使通过它的光线产生平行移动，如果将这种移动反映到度盘分划上，并用测微分划尺量测其移动量的大小，即可精确读出度盘分划值。如图 2-17 所示，光线通过平板玻璃产生的平移为 Δ，Δ 的大小在玻璃的厚度、折射率给定后，完全取决于入射角 λ。图 2-18 为这种读数装置的原理图。图 2-18（a）为平板玻璃底面水平时，光线垂直通过平板玻璃，不产生平行位移，设测微分划尺读数为零，此时，如果按读数窗上双指标线读数应为 5°+a，但不能准确读出 a 的大小。在仪器支架一侧装有平板玻璃测微器手轮，转动此手轮，平板玻璃和测微分划尺便绕同一轴转动，如图 2-18（b）所示。同时，从读数显微镜可观察到，随着测微轮的转动，度盘分划线的影响也在移动，待分划线平移一微小距离 a 时，它正好夹

在度盘上双指标线的中央；测微轮停止转动，则移动量 a 可从相应移动的测微尺上读出为 15′10″，整个读数为5°15′10″。

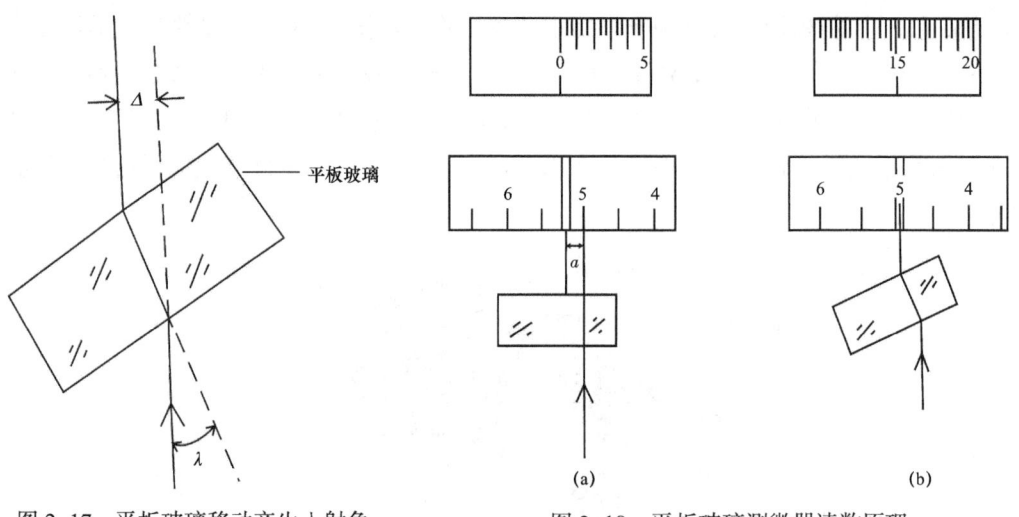

图 2-17　平板玻璃移动产生入射角　　　　图 2-18　平板玻璃测微器读数原理

图 2-19 是从读数显微镜中看到的度盘和测微分划尺影像图，水平度盘读数窗在下面，中间为竖盘读数窗，测微分划尺读数窗在上面，由两个度盘共用。这种仪器的测微分划尺分成 30 个大格，每格为 1′，每隔 5′有分数注记，共 30′与度盘上 30′的一个分划相对应；每大格又分成 3 个小格，故测微分划尺上共有 90 个小格，每小格为 20″。按已说明的读数方法，转动测微手轮，使双指标线旁的度盘分划线准确位于双指标线的中央，即可读出度盘上的度数。再从测微分划尺上读出单指标线所对应的分、秒数值，秒数只能读到小格的 1/5～1/4。图 2-19（a）的水平度盘读数为 77°52′30″，图 2-19（b）的竖盘读数为 91°27′56″。

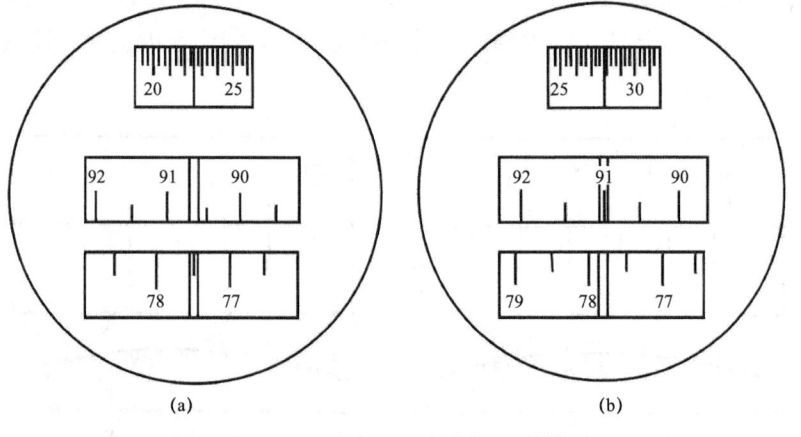

图 2-19　度盘和测微分划尺影像

（二）DJ₂光学经纬仪的读数装置和读数方法

DJ₂光学经纬仪的观测精度高于DJ₆光学经纬仪，多用于三/四等三角测量、精密导线测量、城市控制测量、大型精密机械安装等工作。如图2-20所示是北京光学仪器厂生产的DJ₂光学经纬仪，其主要部件名称与DJ₆光学经纬仪相同。由于读数装置不同，增加了测微器手轮、换向手轮等相应的装置。和DJ₆经纬仪相比，其度盘分划值较小，为20′，照准部水准管灵敏度较高，其格值为20″，并采用双平板玻璃测微装置进行读数，度盘读数可达1″的精度。

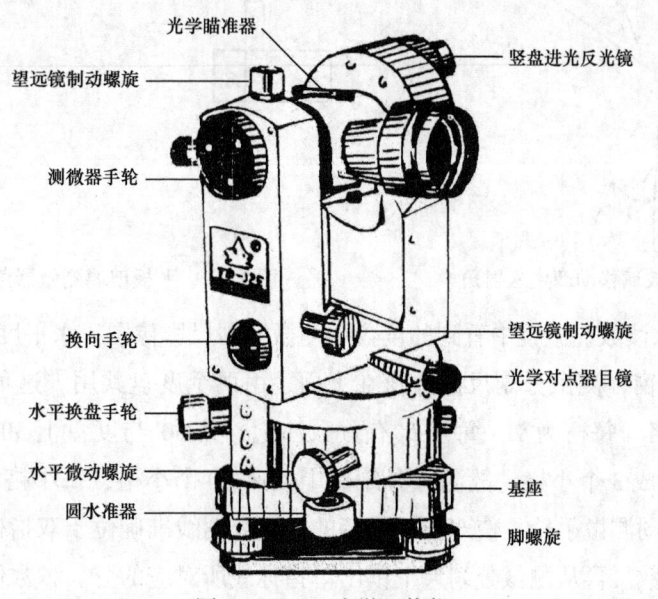

图 2-20　DJ₂光学经纬仪

平板玻璃测微装置是将度盘直径两端相差180°的分化线，经过一系列折射、反射，分别通过各自的平板玻璃成像于显微镜的读数窗。图2-21（a）为读数窗内度盘两端分划线的图像，一端在上，分划注字为倒像；另一端在下，分划注字为正像。读盘分化间隔为20′，即一个格为20′。

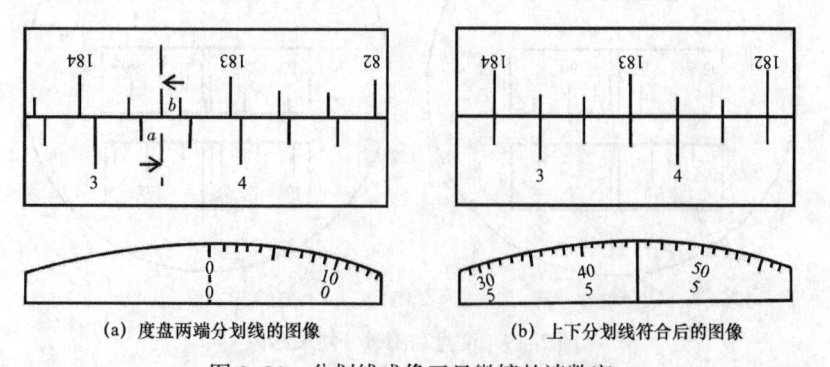

（a）度盘两端分划线的图像　　　　　（b）上下分划线符合后的图像

图 2-21　分划线成像于显微镜的读数窗

现假设图 2-21（a）中虚线为读数指标线，在上下两个盘位读数时分别为 3°20′+a 和 183°20′+b。如果准确读出 a、b 值，取其平均值 $\dfrac{a+b}{2}$，则按正像的准确读数应为 3°20′+$\dfrac{a+b}{2}$。实际读数时，不用度盘指标线，而是转动测微手轮，使两块平行玻璃板做等量相反的转动，同时使度盘两端分划影像产生相向移动而上下符合。图 2-21（b）为上下分划线符合后的图像，这相当于上下分划线相向移动 $\dfrac{a+b}{2}$ 而准确符合在一起。为了准确求得 $\dfrac{a+b}{2}$，在测微手轮转动的同时，还带动了测微分划盘（秒盘）转动，故度盘上下分划线一旦符合，其移动值 $\dfrac{a+b}{2}$ 可在秒盘上读出。

根据以上原理读数时，读数窗内度盘上下分划线一般是错开的，要先转动测微手轮使其准确符合，取其中相距最近的正倒像相差 180° 的正像分划注字为度值，图 2-21（b）中度值应取 3°，然后再读取分值。分值是在上下符合的度盘分划线上先读取整 10′ 的数值，它与所取正倒像度盘注字分划之间的分划格数相等，即相距一个格为 10′，两个格为 20′……如图 2-21（b）所示，正倒度值划相距两个格，分值即为 20′……最后，在秒盘上读取小于 10′ 的分值和秒值。图 2-21（a）中，下面为秒盘读数窗，一个小格为 1″，可估读到 0.1″。每隔 10″ 有秒值注记，其中下面一排注字为分值，可测读出 10′ 以内的分、秒值。图 2-21（b）中，当上下分化线符合后，秒盘中间指标线读数为 5′45″，度盘读数与秒盘读数相加为 3°25′45″。

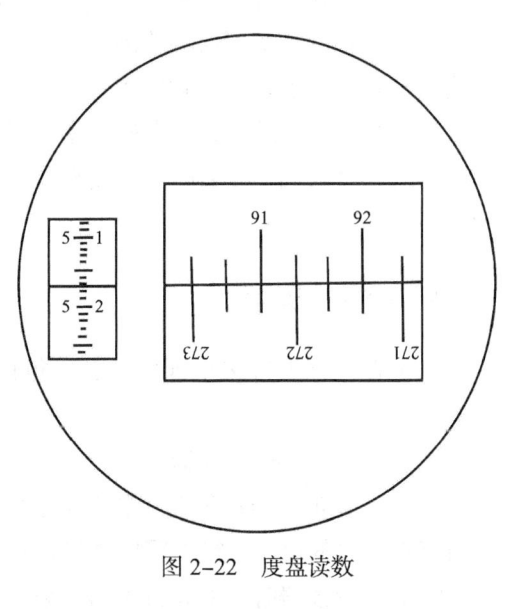

图 2-22　度盘读数

有的 DJ$_2$ 光学经纬仪采用双光楔测微装置，读数窗内的秒盘安排在左侧或右侧，读数方法与双平板玻璃测微装置相同，图 2-22 中的度盘读数为 91°15′17.2″。

为便于读数和少出差错，新型的 DJ$_2$ 光学经纬仪改进了读数显示，将显微镜视场中的读数窗分为上、中、下三个，上为数字窗，中为符合窗，下为秒盘窗。如图 2-23（a）所示为上下度盘分划符合前的图像，如图 2-23（b）所示为符合后的图像。符合后数字窗内有两个数值，其中显示完整的数字 91 为度值，中间数字 2 为 20′，秒值为 3′22.4″，整个读数为 91°23′22.4″。

以上各类 DJ$_2$ 光学经纬仪的读数窗，只能显示水平度盘或竖盘的一种图像，借助仪器的换向手轮，可进行这两种度盘的转换。

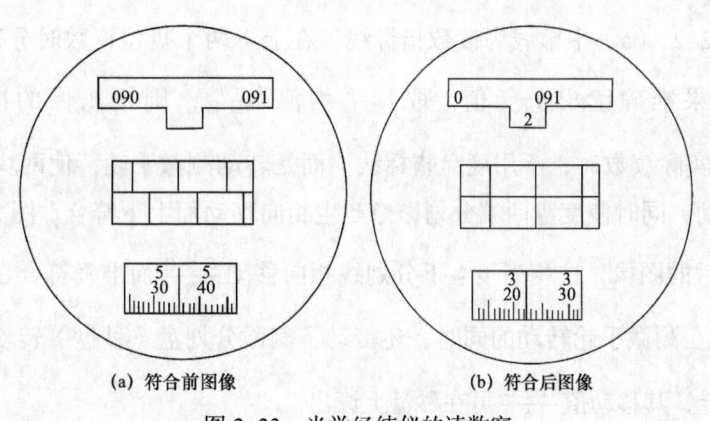

(a) 符合前图像   (b) 符合后图像

图 2-23　光学经纬仪的读数窗

（三）读数要求

第一步：根据自己的视力，转动读数窗目镜，看清度盘最小刻划。

第二步：弄清所用仪器的读数形式及方法，了解其读数系统的附加设备是分微尺式还是测微尺式，要求掌握分微尺式、符合式、数字式及测微尺式的读数要领和方法。不论是哪一种读数方法，总是将度盘的最小刻划相应地细分为若干小格，按六十进位制计算出每一小格的分秒数值。读数时，先读整度数，然后读整分数，最后估读秒。估读秒时，估读到一小格的十分之一。

四、注意事项

（1）在任课教师未讲课之前，不得擅自打开仪器箱，以免因不了解仪器性能而损坏仪器。

（2）允许开箱取出仪器时，必须首先观察并记住仪器在箱中摆放的正确位置，以免因位置不对而装箱困难；仪器在装箱前必须先松开各制动螺旋，防止螺旋长期制动而受损。而对直立放置的仪器，待放妥后须将各制动螺旋适当固紧。

（3）安置仪器时，应先将仪器脚架安置稳固，架头大致水平后再安装仪器。在安装仪器时，中心连接螺旋未旋紧时，切不可将仪器脱手。

（4）在整平仪器前，应将三个脚螺旋调至大致相等的高度，在操作中各制动螺旋切勿过量使用，无需拧得过紧，尽量使用其中间量程部分；微动螺旋勿拧至最末端，转动时勿用力过猛，严禁在制动的情况下强行转动照准部。

第五节　光学经纬仪的检验与校正

仪器的检验与校正是经纬仪在生产、使用和修理过程中的一个重要环节。

仪器在出厂后由于运输震动、保管不善、温度变化及装校不良等原因，某些部位或结构会发生变化，影响使用。所以要求测量工作者尤其是负责等级控制测量的单位，在仪器投入使用之前，必须严格按测量规范或有关规定对仪器进行检验和校正，以确保测量工作的顺利进行。

　　仪器只有经过合理的、规范化的检验与校正，才能保证仪器精度和结构处于稳定状态，保证仪器的正常使用。因此，仪器的检验与校正技术是测量工作者和仪器维修人员必须认真掌握的一门知识和技能。

一、目的与要求

（1）了解经纬仪的主要轴线及其几何关系。

（2）掌握光学经纬仪检验和校正的基本方法。

二、仪器检校的主要内容

（1）经纬仪一般性检查；

（2）照准部水准管轴垂直于竖轴的检验和校正；

（3）十字丝中竖丝垂直于水平轴的检验和校正；

（4）视准轴垂直于横轴的检验和校正；

（5）水平轴垂直于竖轴的检验和校正。

三、经纬仪检校原理及其轴线关系

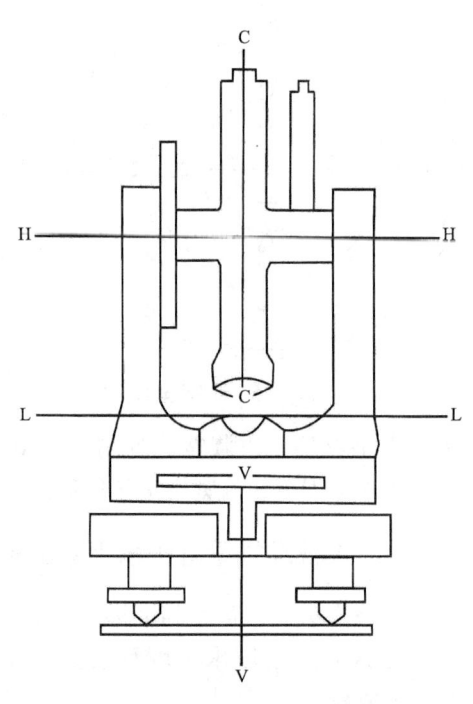

　　根据水平角、竖直角观测原理，经纬仪经过整平以后，要求纵轴应竖直，水平度盘应水平；望远镜上下转动时，视准轴划出的应是一铅垂面，因此要求主要轴线关系必须满足下列条件：

（1）长水准管轴应垂直于竖轴（LL⊥VV）；

（2）圆水准管轴应平行于竖轴（L'L' ∥ VV）；

（3）视准轴应垂直于横轴（CC⊥HH）；

（4）横轴应垂直于竖轴（HH⊥VV）；

（5）十字丝竖丝应垂直于横轴（图2-24）；

（6）竖盘指标差应小于规定的数值；

（7）光学对中器的视准轴应与竖轴重合。

　　使用仪器前，必须对其轴线进行检验，若误差超限，则需要进行校正（图2-24）。

图2-24　经纬仪主要轴线关系

四、仪器检校方法与步骤

（一）一般检查

当准备进行野外测量或实习时，不要盲目行事。首先检查测量仪器外表有无损伤，脚架是否牢固，仪器的转动是否灵活，制动螺旋和微动螺旋是否灵活有效，望远镜目镜、物镜及对光螺旋是否转动自如，十字丝平面及光路系统是否清晰，仪器外观有无伤痕和零部件缺损现象等。对所检查结果要认真作好记录，填入表格。

（二）长水准管轴垂直于竖轴的检验和校正

检验：安置并粗平仪器，转动照准部使长水准管平行于任意一对脚螺旋的连线，旋转该对脚螺旋，使气泡严格居中，再将照准部转动180°，若气泡仍然居中则说明长水准管轴垂直于仪器竖轴，否则需要校正。

校正：用拨针拨动水准管校正螺钉，使气泡返回偏移量的一半，剩余一半用脚螺旋调整至居中位置；反复检校，直至水准管旋转至任何位置时，水准管气泡都处于居中位置，气泡中心偏离零点最大偏移量不得超过一格。

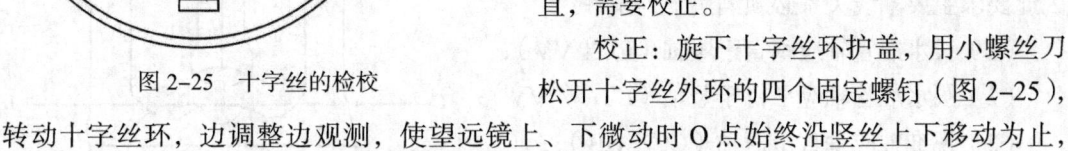

图 2-25　十字丝的检校

望远镜筒

压环螺钉

压环

十字丝校正螺钉

十字丝分划板

（三）十字丝中竖丝垂直于水平轴的检验和校正

检验：安置整平仪器后，用十字丝交点瞄准约 30～50m 处一清晰目标 O 并制紧望远镜制动螺旋，转动望远镜微动螺旋，观察 O 点运动轨迹，若 O 点始终沿中竖丝运动，则说明十字丝中竖丝垂直于水平轴；否则不垂直，需要校正。

校正：旋下十字丝环护盖，用小螺丝刀松开十字丝外环的四个固定螺钉（图 2-25），转动十字丝环，边调整边观测，使望远镜上、下微动时 O 点始终沿竖丝上下移动为止，反复校正无误后，旋紧十字丝外环固紧螺钉和护盖。

（四）视准轴垂直于水平轴的检验和校正（2C 值）

检验方法一：盘左瞄准远处大致与仪器同高的目标 A，读取水平度盘读数 $a_左$；再盘右瞄准 A 点，读取水平度盘读数 $a_右$，若 $a_右=a_左\pm180°$，则说明视准轴垂直于水平轴，否则需要校正。

校正：先计算盘右瞄准目标 A 时的应有读数

$$a'_右=\frac{1}{2}\Big[a_右+\big(a_左\pm180°\big)\Big]$$

转动水平微动螺旋，使水平度盘读数为 $a'_右$，旋下十字丝护盖，拨动十字丝左、右一对校正螺钉，使十字丝竖丝瞄准目标 A，如此反复检校，直至盘左、盘右读数加减 180°后的差值小于 30″为止，最后旋上十字丝护盖。

检验方法二：

在平坦场地选择相距约 100m 的 A、B 两点，置经纬仪于 A、B 连线中点 O 处，在A 点放一大致与经纬仪等高的觇牌，在 B 点大致与经纬仪等高处水平地放一分划尺（直尺），方向与 OB 垂直。（1）安置整平仪器后，盘左瞄准 A 点觇牌，制紧水平方向制动，倒转望远镜，在 B 点尺上读数为 b_1；（2）盘右再瞄准 A 点觇牌，水平制动后倒转望远镜，在 B 点尺上读数为 b_2，若 $b_2=b_1$ 则说明视准轴垂直于水平轴，否则需要校正。

校正：校正前先计算视准轴与水平轴垂直时盘左在 B 尺上的应有读数，即

$$b_3=b_1+\frac{3}{4}\left(b_2-b_1\right)$$

打开十字丝护盖，拨动十字丝左、右一对校正螺钉，使竖丝瞄准尺上读数为 b_3 处，反复检校，直至满足要求后旋紧十字丝护盖。

（五）横轴垂直于竖轴的检验与校正

检验：在距墙约 30m 处安置仪器，盘左瞄准墙上高处目标 A（仰角约 30°），然后转动竖直微动，置平望远镜，在墙上定出一点 B_1；盘右再瞄准 A 点，置平望远镜后再定出一点 B_2，若 B_1 与 B_2 两点重合则说明水平轴垂直于竖轴，若 B_1 与 B_2 两点相距大于5mm，则需要校正（图 2-26）。

由于水平轴校正部位密封于仪器内部，初学者难以掌握，因此该项校正应由专业仪器维修人员进行。

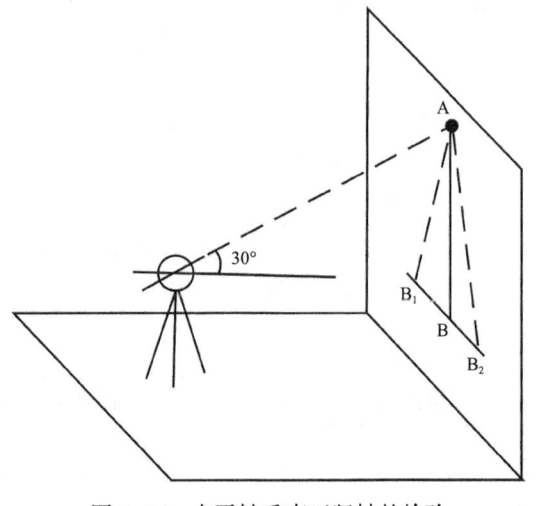

图 2-26　水平轴垂直于竖轴的检验

五、注意事项

（1）按顺序进行检校，不得随意颠倒，确认检验数据无误后才能进行校正；校正结束后，各校正螺钉应处于稍紧状态。

（2）选择仪器安置位置时，应顾及视准轴和横轴两项检验，既能看到远处水平目标，又能看到墙上高处目标。

（3）检校结束后，应逐项填写并上交"经纬仪检验与校正记录表"（表 2-3）。

表 2-3 经纬仪检验与校正记录表

日期_____ 班组_____ 仪器号_____ 天气_____ 观测者_____ 记录者_____

1. 一般检查	
仪器外表有无损伤，脚架是否牢固	
仪器转动是否灵活，螺旋是否有效	
光学系统有无霉点	

2. 水准管轴垂直于竖轴		
检验次数		
气泡偏离格数		

3. 十字丝纵丝垂直于横轴	
检验次数	误差是否显著

4. 视准轴垂直于横轴

	目标	水平度盘读数		目标	水平度盘读数
第一次检验		a_1（盘左）=	第二次检验		a_1（盘左）=
		a_2（盘右）=			a_2（盘右）=
		$c=\dfrac{1}{2}\left[a_1-\left(a_2\pm180°\right)\right]=$			$c=\dfrac{1}{2}\left[a_1-\left(a_2\pm180°\right)\right]=$
		$a=\dfrac{1}{2}\left[a_1+\left(a_2\pm180°\right)\right]=$			$a=\dfrac{1}{2}\left[a_1+\left(a_2\pm180°\right)\right]=$

5. 横轴垂直于竖轴

检验次数	m_1 和 m_2 两点间的距离	备注

6. 竖盘指标差的检验与校正

检验次数	目标	竖盘位置	竖盘读数（°′″）	指标差（′″）	盘右正确竖盘读数（°′″）	备注

第六节　电子经纬仪的认识及使用

电子经纬仪是在光学经纬仪的基础上发展起来的新一代测角仪器，为野外数据采集自动化创造了有利条件。它的外形结构与光学经纬仪相似，与光学经纬仪的主要不同点在于测角系统。光学经纬仪采用光学度盘和目视读数，而光学经纬仪的测角系统主要有三种，即编码度盘测角系统、光栅度盘测角系统和动态测角系统。

一、电子经纬仪的认识

如图 2-27 所示为我国生产的电子经纬仪，该仪器采用光栅度盘测角系统，集光、机、电和计算技术为一体，实现了角度测量、显示、存储等多项功能。测角系统最小读数为 1″，测角精度可达 2″。

如图 2-28 所示为电子经纬仪的液晶显示窗和操作键盘，液晶显示窗可同时显示提示内容、竖直角和水平角，右面的按键可发出不同指令。

图 2-27　电子经纬仪　　　　　　　　　图 2-28　显示窗和操作键盘

二、电子经纬仪的使用（全圆方向法）

电子经纬仪的使用与光学经纬仪一样，也要经过对中、整平、瞄准、读数四个步骤，其中对中、整平和瞄准的方法与光学经纬仪相同。

（1）在实验场地上选择一点 O，作为测站，另选三点 A、B、C，在 A、B、C 上竖立标杆。

（2）打开电源开关，进行自检，纵转望远镜，设置垂直度盘指标。

（3）用盘左位置瞄准第一个目标 A，读取 A 目标水平方向值 $a'_左$，记录。

（4）按顺时针方向，依次瞄准 B→C→A，分别读取各水平方向的读数 $b_左$、$c_左$、$a'_左$，记录。

（5）由 A 方向盘左两个读数之差 $\Delta=a_左-a'_左$ 计算盘左上半测回归零差，如果 Δ 不大于 18″，记在表格相应位置，否则应该重测。

（6）倒转望远镜盘右位置，瞄准目标 A，读取读数 $\alpha_右$，记录。然后逆时针方向依次瞄准目标 C→B→A，分别读取读数 $c_右$、$b_右$、$a'_右$，在表格中由下往上记录。

（7）各测回观测完成后，应对同一目标的各测回方向值进行比较，互差不大于 24″，则可求出各测回方向值的平均值。

三、精度要求

（1）采用光学对中，对中误差应小于 1mm。

（2）整平误差应小于 1 格。

（3）对同一角度的各次观测，测回差应小于 24″。

四、注意事项

（1）严禁将照准镜头对向太阳或其他强光。

（2）拆、装电池时，必须是在关机状态下。

（3）测量工作结束后，应注意关机（用手触碰一下屏幕，看是否有光亮）。

（4）应避开高压线、变压器等强电场的干扰流，保证测量信号正确。

（5）实验结束，每人完成"实验报告"一份，并附"全圆方向法测水平角记录表"一张（表 2-4）。

第七节　GPS 接收机的认识及使用

一、实验目的

（1）了解 GPS 静态相对定位的作业方法；

（2）了解 GPS 观测数据在计算机上的处理过程。

二、实验设备及备品

每实验小组：静态 GPS 接收机 1 套（3 台），对点器基座 3 套，三脚架 3 个，数据传输电缆 1 根，数据处理光盘 1 张，计算器 1 个。

表 2-4 全圆方向法测水平角记录表

班组 _____ 日 期 _____ 观测者 _____

仪器 _____ 记录者 _____ 检查者 _____

| 测站 | 目标 | 水平盘读数 | | 2C | 平均读数 | 一测回归零方向值 | 各测回平均方向值 | 角值 |
| | | 盘左 | 盘右 | | | | | |
		(°′″)	(°′″)	(″)	(°′″)	(°′″)	(°′″)	(°′″)
1	2	3	4	5	6	7	8	9
	第1测回							
	A							
	B							
	C							
O	D							
	A							
	Δ							
	第2测回							
	A							
	B							
	C							
O	D							
	A							
	Δ							

三、实验方法及步骤

（一）GPS 接收机的组成

GPS 接收机组成单元主要包括主机、天线和电源三部分。目前大多数仪器厂家采用了将主机、天线和电源整合在一起的一体化 GPS 主机结构（图 2-29）。各种 GPS 接收机的外形、体积、重量、性能有所不同。

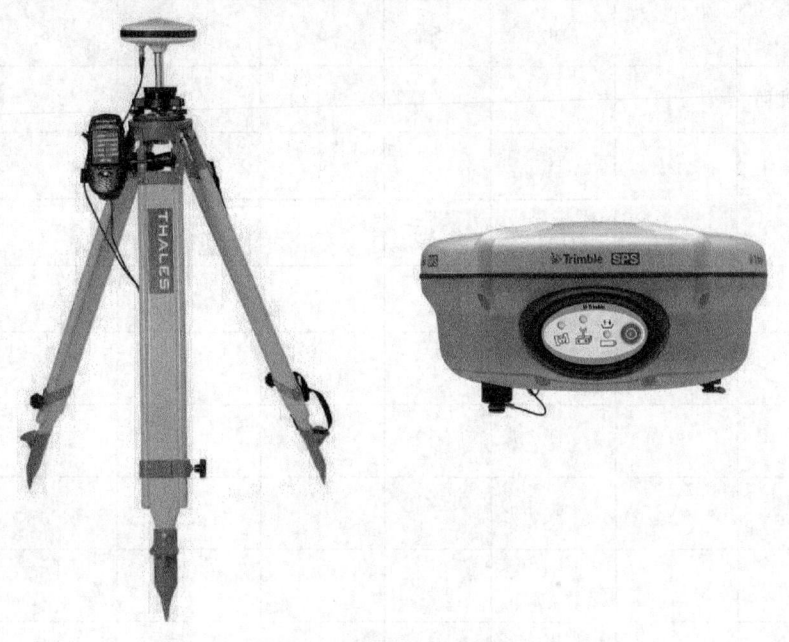

图 2-29　GPS 测量仪器

（二）GPS 接收机的使用

GPS 接收机的使用需要在指导教师讲解、演示后进行。

（1）在测区给定 3 个测点上分别架设三脚架，将基座安装在三脚架的架头上，对中、整平，然后将 GPS 接收机安装在机座上并锁紧。

（2）测量天线高。对备有与仪器配套的量高专用钢尺的接收机，可直接量取地面标志点的顶部至接收机天线边缘的指定量取位置之间的高差，若没有专用量高钢尺，需要对测量得到的斜高进行修正。

（3）启动 GPS 接收机，进行卫星自动搜索和数据采集。

（4）当 3 台接收机连续同步采集时段长度为 40min 后，退出数据采集，关闭接收机。

（5）再次测量天线高，记录测站的点号、天线高、接收机编号和观测时间，然后将接收机、基座等收好。

（6）在计算机上安装数据处理软件。

（7）将接收机记录的数据文件拷贝到计算机中，进行基线解算和平差处理后输出处理成果，打印出网图及成果报告。

四、精度要求

（1）观测前后两次天线高量测结果之差应不大于 3mm。

（2）3 台接收机连续同步采集时段长度不少于 40min。

（3）天线高的量测读数精确至 1mm。

五、注意事项

（1）接收机应安置在比较开阔的点位上，视场内周围障碍物的高度角应不大于 15°。

（2）观测期间，不得在天线附近 50m 内使用电台，10m 内使用对讲机。

（3）每大组的 GPS 接收机开关时间应尽量保持同步。

（4）一时段作业过程中，不允许对接收机进行关闭又重新启动。

（5）观测期间要防止接收机震动，更不得移动，要防止人员或其他物体碰触天线或阻挡信号。

第三章　工程测量基础实验

实验一　普通水准测量

一、实验目的

（1）了解工程自动安平水准仪（NAL 系列）的结构，掌握其主要部件的名称、性能和作用，掌握其使用方法。

（2）熟练掌握水准仪的安置、整平、瞄准和读数要领。

（3）掌握单站式普通水准测量步骤、记录及计算方法。

二、仪器及备品

以小组为单位，每组水准仪 1 台，大、小脚架各 1 个，水准尺 2 根，尺垫 2 个，记录板 1 块，记录纸 2 张，铅笔 1 支。

三、实验方法及步骤（双面尺法）

（1）在指定的实验场地内，选定 A、B 两点为观测目标；利用自然地貌或人为方法，使 A、B 两点间具有一定的高差，将 A、B 两点用尺垫固定下来，设 A 的高程 H_A=60m（图 3-1）。

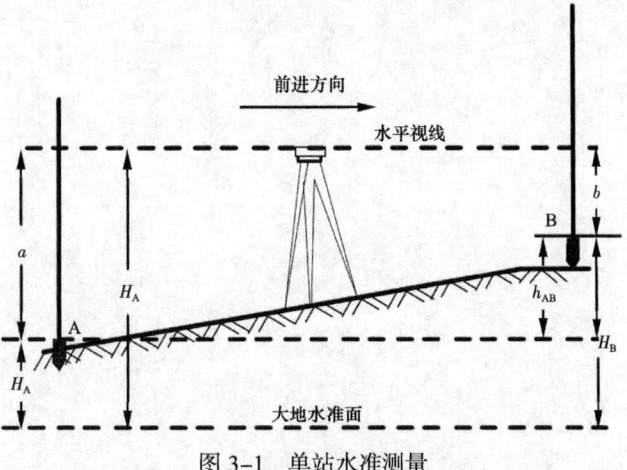

图 3-1　单站水准测量

（2）在 A、B 两点之间安置水准仪，要求后视距大致与前视距相等；整平仪器。

（3）在后视点 A 和前视点 B 上分别立水准尺，以黑面尺对准观测者，观测者转动望远镜的目镜螺旋，将十字丝调至清晰状态。

（4）观测者首先瞄准后视尺 A，调节对光螺旋，当目标清晰后，使十字丝的中横丝与水准尺垂直相切；然后按动目镜下方的按钮，检查仪器自动安平系统是否正常，确认无误后，在 A 尺上读数，记入表格 $a_黑$。

（5）转动水准仪，瞄准前视尺 B，使十字丝板的中横丝与水准尺垂直相切；读取读数，记入表格 $b_黑$。此时得到高差 $h_黑$：

$$h_黑 = a_黑 - b_黑$$

（6）翻转 A、B 两点水准尺，以红面尺面对观测者，观测者用上述方法先瞄前视尺 B，读取 $b_红$；然后瞄后视尺 A，读取 $a_红$，记入表格。得到高差 $h_红$：

$$h_红 = a_红 - b_红$$

（7）计算 A、B 两点高差 h_{AB} 和 B 点高程 H_B：

$$h_{AB} = \frac{1}{2}(h_黑 + h_红)$$

$$H_B = H_A + h_{AB}$$

（8）精度要求：若 $h_黑 - h_红 \leqslant \pm 5mm$ 为合格，否则返工重测。

四、注意事项

（1）仪器的安置应尽量保持前、后视距大致相等，视线长不超过 70m，每一次观测读数前，必须检查自动安平系统是否正常。注意消除望远镜视差。

（2）水准尺要立直、立稳，在松软土地上选点应加尺垫。

（3）水准仪要安置在安全、稳定的地方，避开交通要道。搬站时，应将仪器放入箱内，严禁连同脚架扛着走。

（4）水准尺不用时，要平放在比较安全的地方，防止摔坏。

（5）实验结束，每人完成"实验报告"一份，并附"普通水准测量记录表"一张（表 3-1）。

思 考 题

1.仪器安置时为什么要求前、后视距相等？目的何在？

2.若 $h_黑 - h_红 > \pm 5mm$，主要原因有哪些？

3.水准仪测量高差的原理是什么？

4.自动安平系统的原理和功能是什么？如何正确使用？

5.仪器整平的步骤和方法是什么？

6.简述目镜和对光螺旋的作用。

表 3-1 普通水准测量记录表

自 _____ 测至 _____ 班组 _____ 观测者 _____

仪器 _____ 天气 _____ 日期 _____ 记录者 _____

测站	点号	后视读数（m）		前视读数（m）		平均高差（m）		+ -	改正后 高差（m）	高程 （m）
		黑面尺	红面尺	黑面尺	红面尺	+	-			
计算 检核										

$f_h=$　　　　　　　　$f_h = \pm 12\sqrt{n}$ （mm）　　　　（n 为测站数）

实验二　水平角测量

一、实验目的

（1）理解水平角的概念及其测量原理。

（2）了解电子经纬仪的基本构造，主要部件的名称、作用及其应用。

（3）掌握仪器对中、整平的操作方法。

（4）掌握"测回法"观测水平角的步骤、记录和计算方法。

二、仪器及备品

每小组电子经纬仪 1 台，大、小脚架各 1 个，记录板 1 块，表格 2 张，自带铅笔。

三、实验方法及步骤（测回法观测）

（一）仪器对中操作

仪器对中是指仪器在整平状态下，仪器竖轴与地面点始终保持在同一铅垂线上。

1. 垂球对中

（1）伸开脚架，把它放在测站上，使架头大致水平，在架头中心钩上挂垂球（图 3-2），平移三脚架，使垂球尖大致对准测站点 O；同时注意脚架的高度要适中，以便于观测。

（2）然后踩紧三脚架，安装上仪器，旋紧中心螺旋，如果垂球尖端偏离测站点 O，就稍微松动一下仪器中心连接螺旋，在架头上平行移动仪器，直到基本满足对中误差不超过 3mm 为止。

（3）最后拧紧中心螺旋。

2. 光学对中器对中

在垂球对中的基础上，为了进一步提高对中精度，可采用光学对中器对中，具体步骤是：

（1）首先整平仪器，然后通过光学对中器，检查地面点是否位于光学对中器中的双圈中心，否则需进行调整。

（2）稍微松动一下仪器中心连接螺旋，在架头上平行移动仪器，眼睛同时观测光学对中器，将地面点与对中器中的双圈人为地重合在一起，然后拧紧中心连接螺旋。

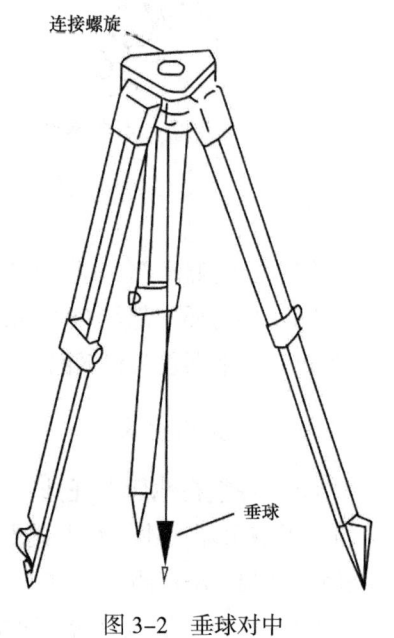

图 3-2　垂球对中

（3）在（2）的操作过程中，仪器的整平遭到破坏，所以需要再次整平仪器。

（4）在（3）的操作过程中，仪器的对中可能发生变化，所以需要再次进行对中操作。

仪器对中、整平是观测前的必备条件，必须经过多次反复调整才能达到目的。光学对中器误差要求不大于±1mm。

（二）仪器整平操作

仪器整平目的是为了保证在观测过程中，仪器竖轴处于竖直、水平度盘处于水平状态，方法如下：

（1）松照准部的制动螺旋，转动照准部，使长水准管轴的长轴方向与任一对脚螺旋的连线平行，根据气泡的起始位置，按左手拇指运动法则，两手按相对运动的形式转动这一对脚螺旋，使气泡居中，如图3-3（a）所示。

（2）将照准部转90°，再用左手拇指运动法则转动第三个脚螺旋，使气泡居中，如图3-3（b）所示。

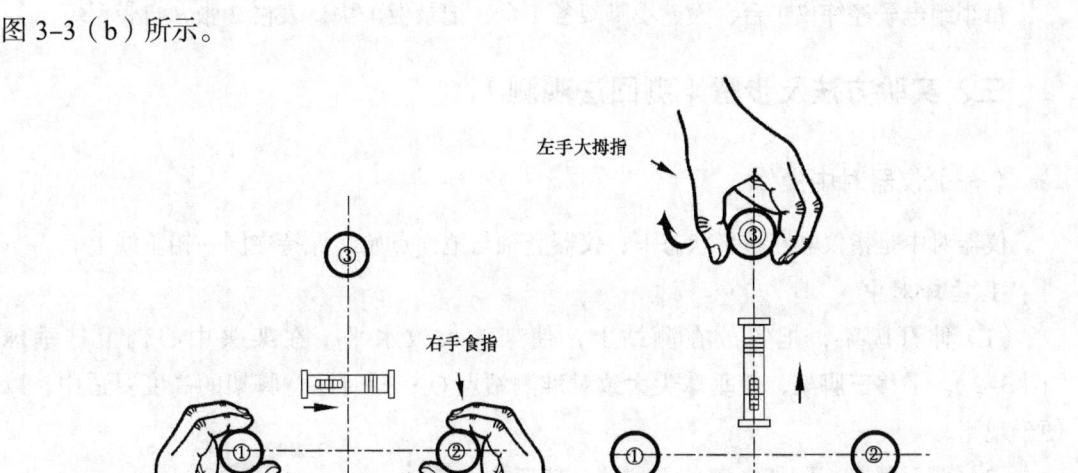

图 3-3 仪器整平

（3）转动照准部，返回原来位置，按上述方法精平。

（4）再将照准部转90°，继续精平，直到长水准管在任意位置时的气泡都处于居中状态为止。整平误差要求气泡左右偏移应小于一格。

（三）观测步骤

（1）每组在地面上任选一点作为测站点 O，然后在该点的前方左、右两侧任选两点（如电视塔顶端或建筑物上避雷针、墙角等）作为观测目标 A、B（A 在左，B 在右）。每人用一个测回法观测 OA、OB 方向投影在水平面上所夹的水平角 β（图3-4）。

（2）在 O 点安置仪器，对中、整平仪器，转动目镜，将十字丝调至清晰状态。

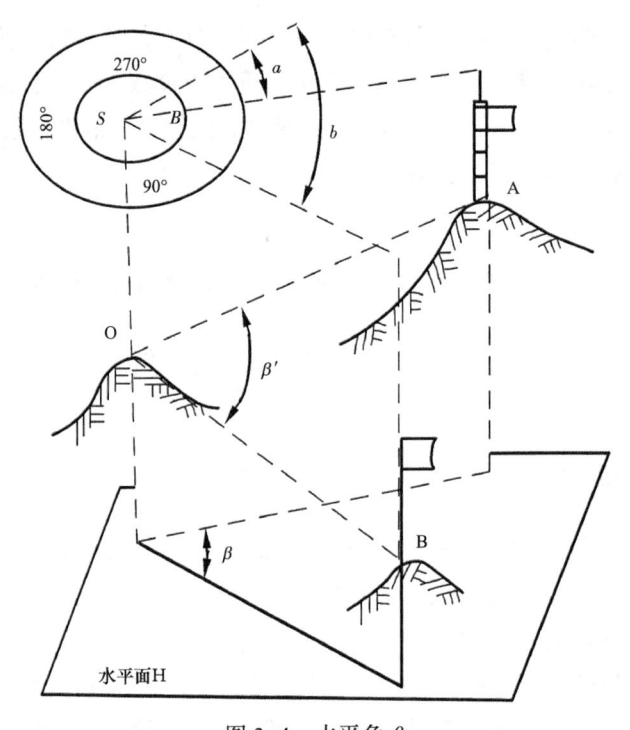

图 3-4 水平角 β

（3）松开望远镜和照准部的制动螺旋，置望远镜于盘左位置。通过望远镜准星大致瞄准左目标 A。转动望远镜的对光螺旋，使观测目标 A 在十字丝平面上的成像清晰。然后固紧照准部和望远镜的制动螺旋，转动照准部和望远镜的微动螺旋，使目标 A 的某一确定部分成像与中竖丝重合或夹在十字丝的双竖丝中间（图 3-5）。最后，在电子显示屏上读出水平$_右$的读数为 $a_左$，并记入水平角观测手簿中。

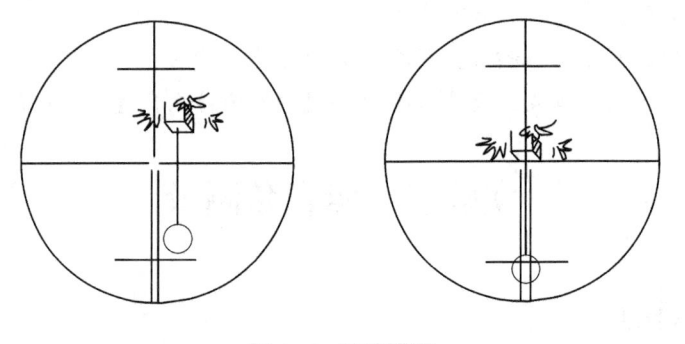

图 3-5 正确瞄准

（4）松开望远镜照准部的制动螺旋，按顺时针方向转动照准部，用同（3）的步骤，瞄准左边目标 B，在电子显示屏上读出水平$_右$的读数为 $b_左$，记入手簿。（3）（4）两步称为盘左半测回，水平夹角按下式计算：

$$\beta_左 = b_左 - a_左$$

（5）松开望远镜的制动螺旋，倒转望远镜，置于盘右位置。松开照准部的制动螺旋，按照（3）中所述的具体步骤，先瞄准右目标 B，读水平读数 $b_右$，记入表格。

（6）松开望远镜和照准部的制动螺旋，逆时针方向转动照准部，瞄准左目标 A，读取水平右所对应的读数，以 $a_右$ 记入表格。（5）（6）两步称为盘右半测回，水平夹角为：

$$\beta_右 = b_右 - a_右$$

盘左、盘右两个半测回合在一起为一测回，统称为测回法。观测结果按下式计算：

$$\beta = \frac{\beta_左 + \beta_右}{2} = \frac{(b_左 - a_左) + (b_右 - a_右)}{2}$$

四、注意事项

（1）测角程序要求必须按 A → B → B → A 顺序进行，不得随意观测。

（2）测角精度，要求 $|\beta_左 - \beta_右| \leq 30''$。

（3）要求两倍照准误差，$2C \leq 30''$。

（4）记录数据严格按格式要求填写，字体工整，不许转抄和涂改。

（5）实验结束，每个人交"实验报告"一份，附"测回法观测水平角记录表"一份（表 3-2）。

思 考 题

1. 何谓水平角？何谓 2C 值？何谓盘左、盘右？

2. 读数系统中水平右和水平左有何区别？

3. 水平角的取值范围是多少？为什么一定要用 $\beta = b - a$？被减数不够减怎么办？

4. 如何消除观测过程中存在的视差现象？

5. 仪器的对中、整平不够精确，对测角有何影响？

6. 测角时，为什么要盘左、盘右两个位置观测？为什么角度取平均值？

实验三　竖直角测量

一、实验目的

（1）了解竖直角 δ 定义及测量原理。

（2）了解竖盘指标差 x 的含义及其产生原因。

（3）掌握竖直角观测方法及其计算。

表 3-2　测回法观测水平角记录表

日期：　　年　　月　　日　　地点：　　　仪器　　　天气

线名：

观测者　　　　　记录者　　　　　校核者　　　　　第　　页

测站	观测点	仪器高	距离		水平角			垂直角			高程差			备注
		读数下/上	视距正/倒	中数	正/倒读数(°)(′)(″)	中数(°)(′)(″)	水平夹角(°)(′)(″)	正/倒读数(°)(′)(″)	另点位置±	垂直角(°)(′)(″)	视高差 i-1	高差	平均高差	

二、仪器及备品

实验以小组为单位，每小组电子经纬仪 1 台，大、小脚架各 1 个，记录板 1 块，记录纸 2 张。

三、实验方法及步骤

（1）每组在地面上任选一点 O，作为测站点，在前方任选一点（如避雷针的顶端、电线杆的顶端）作为观测目标 A。

（2）将仪器安置在测站 O 点上，进行仪器的对中、整平。

（3）确定初始读数，国产 DJ_2、DJ_6 级经纬仪盘左时的初始读数为 90°，盘右时的初始读数为 270°。

（4）置望远镜于盘左位置，转动望远镜的目镜对光螺旋，使观测目标 A 在十字丝平面上成像清晰，且十字丝的中横丝精确地切准目标顶端（图 3-6）或某一指定位置。

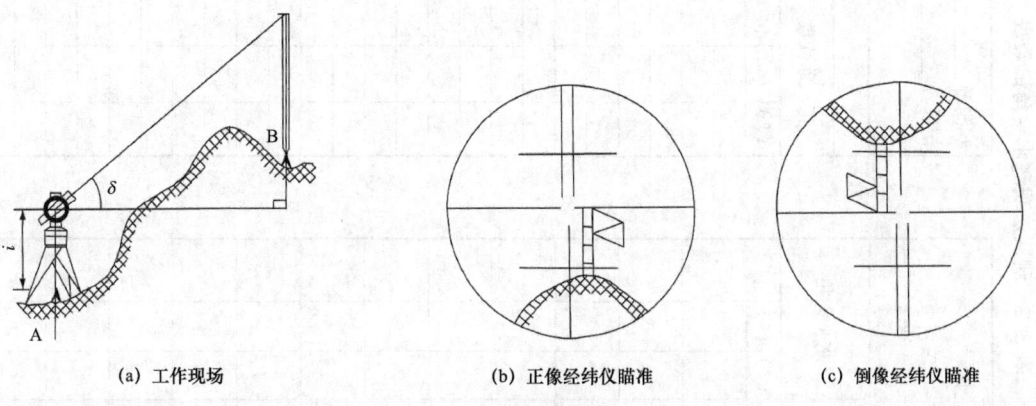

(a) 工作现场　　　　　　(b) 正像经纬仪瞄准　　　　　　(c) 倒像经纬仪瞄准

图 3-6　精确瞄准

（5）转动竖盘水准管的微动螺旋，使气泡居中后，再看十字丝中横丝所切位置是否有变化，确认无误后即从读数窗内读取 V 盘数据，为 L，记入手簿。

（6）纵转望远镜，将望远镜置于盘右状态，仍瞄准 A 目标同一部位，操作同（4），读出数据为 R，记入手簿。以上盘左、盘右观测为一测回。

（7）计算竖直角 δ。

$$\delta_{左}=90°-L$$

$$\delta_{右}=R-270°$$

$$\delta_{平}=\frac{1}{2}\left(\delta_{左}+\delta_{右}\right)=\frac{1}{2}\left(R-L-180°\right)$$

精度要求：$\delta_{左}-\delta_{右}\leqslant 30''$。

（8）计算指标差 x。

竖盘指标差 x（图 3-7）是由于竖盘读数指标线发生偏移而对测量结果产生的影响，其大小按下式计算：

$$x = \frac{1}{2}\left(\delta_右 - \delta_左\right) = \frac{1}{2}\left(R + L - 360°\right)$$

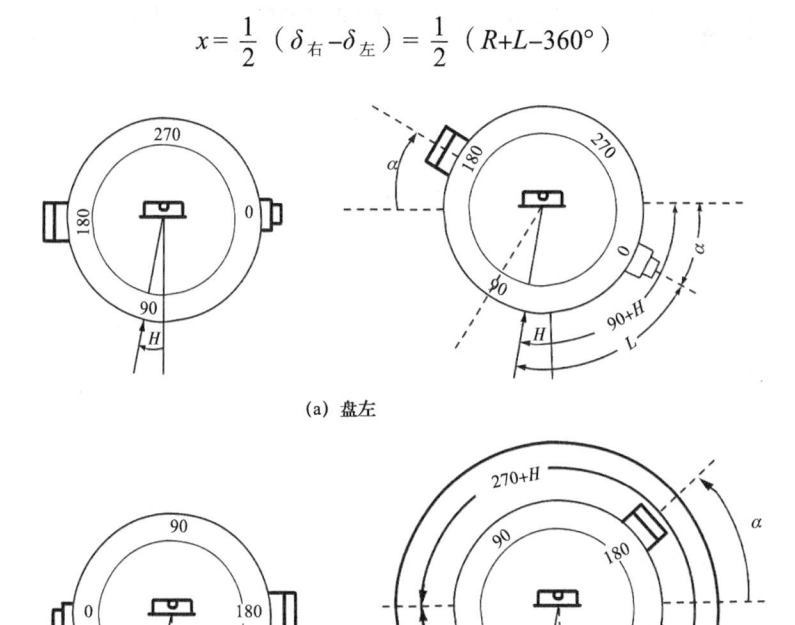

图 3-7　竖盘读数与竖直角的关系

四、注意事项

（1）竖直角有正、负之分，正为仰角、负为俯角。

（2）测竖直角的精度要求是：$|\delta_右 - \delta_左| \leqslant 30''$，指标差 $x \leqslant 1'$。

（3）盘左、盘右观测必须瞄准同一目标的同一部位。

（4）读数时应读取 V_z 所对应的读数。

（5）实验结束后，每人交一份实验报告，并附"竖直角测量记录表"（表 3-3）及计算成果表。

思 考 题

1. 竖直角的定义是什么？

2. 产生指标差 x 的原因是什么？

3. 竖直角的取值范围是多少？正、负号代表什么意思？

4. 分析竖盘指标差产生的原因。

表 3-3　竖直角测量记录表

仪器_____　　天气_____　　班组_____　　观测者_____　　记录者_____　　日期_____

测站	目标	竖盘位置	竖盘读数 (° ′ ″)	半测回竖直角值 (° ′ ″)	指标差 (′ ″)	一测回角值 (° ′ ″)
		左				
		右				
		左				
		右				
		左				
		右				
		左				
		右				
		左				
		右				
		左				
		右				
		左				
		右				
		左				
		右				
		左				
		右				
		左				
		右				

测站	目标	竖盘位置	竖盘读数 (°′″)	半测回竖直角值 (°′″)	指标差 (′″)	一测回角值 (°′″)
		左				
		右				
		左				
		右				
		左				
		右				
		左				
		右				
		左				
		右				
		左				
		右				
		左				
		右				
		左				
		右				
备注						

<h1 style="text-align:center">实验四　视距测量</h1>

一、实验目的

（1）掌握视距测量的原理及观测、计算方法。

（2）进一步熟悉经纬仪，熟练掌握其操作方法。

二、仪器及备品

经纬仪 1 台，大、小脚架各 1 个，钢卷尺 1 盘，记录板 1 块，记录纸 2 张，计算器 1 个，视距尺 1 根，测伞 1 把，铅笔 1 支。

三、实验方法及步骤

（一）视线水平时的视距测量

（1）每小组在实验场地内任选一点 A，作为测站，在前方任取 B_1 或 B_2 为观测目标，立一视距尺（A 点和 B_1、B_2 点之间要有一定高差），如图 3-8 所示。

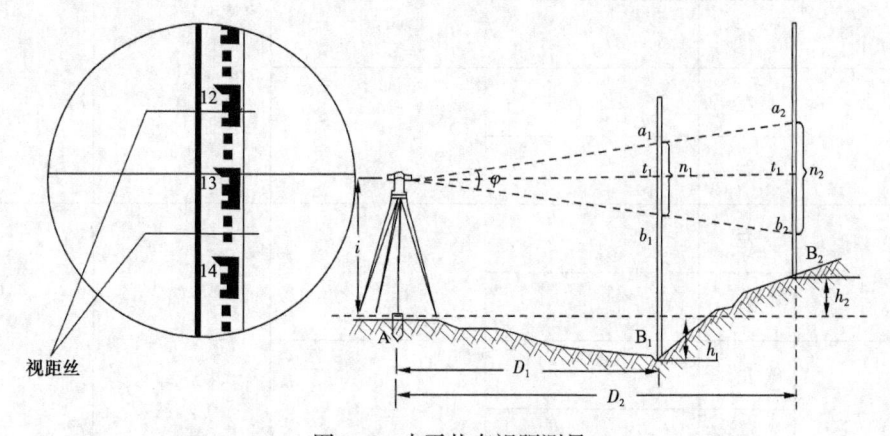

图 3-8　水平状态视距测量

（2）在 A 点安置、整平仪器，量取仪器高 i（量至厘米）。

（3）观测者将望远镜置成水平状态（即 $\delta=0$），以盘左瞄准 B_1 或 B_2 点视距尺，分别读出尺子的上、中、下丝读数，记入表 3-4。

（4）计算水平状态下，A 点至 B_1 或 B_2 点的水平距离 D_1、D_2，高差 h_1 和 h_2。公式如下：

$$D=ct_i$$

$$h_i=i-L_中$$

式中 t_i——尺间距，等于下丝读数减去上丝读数；

  c——常数，为100；

  i——仪器高；

  $L_{中}$——中丝读数。

（二）视线倾斜时视距测量

视线水平状态下测量视距是一种特例。在实际工作中，由于地势起伏程度不同，望远镜视准轴必须处于倾斜状态才能进行观测，其步骤如下：

（1）在选定的测站 A 点安置、整平仪器，量取仪器高度 i（量至厘米）。

（2）在距仪器 50～100m 处，高差明显部位 B 点立视距尺。

（3）观测者置望远镜于倾斜状态，以盘左位置瞄准视距尺，用中横丝切准视距尺某一整米读数，并调指标水准管气泡居中后，读取上、中、下丝读数和竖盘读数 L、R，并将所得数据记入表格，以备计算。

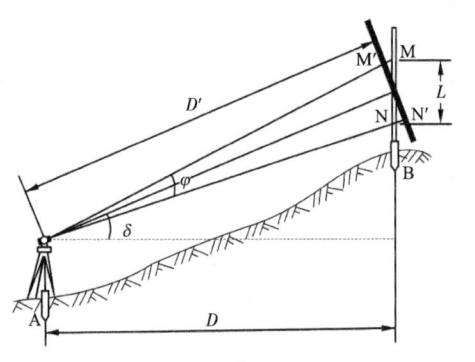

（4）计算望远镜在倾斜状态下，水平距离和高差（图3-9），公式如下：

斜距：$D'=ct'=ct\cos\delta$

平距：$D=D'\cos\delta=ct\cos^2\delta$

高差：$h=D\tan\delta+i-L=ct\cos^2\delta\tan\delta+i-L$

图 3-9 倾斜状态视距测量

式中，D' 为斜距，D 为平距，δ 为竖直角，h 为高差。

四、注意事项

（1）三丝读数检核误差若大于6mm时，则需重新观测，否则结果无效，（上丝＋下丝）/2≤中丝 ±6mm。

（2）在对上丝或下丝读数时，一定要使中丝切在原来读数位置。

（3）在读取竖盘读数时，指标水准管气泡要居中。

（4）全组适当分工，互相配合，适时轮换。

（5）实验结束后，每人交"实验报告"和"经纬仪视距测量记录表"（表3-4）各一份。

思 考 题

1.竖直角为负值时，计算中应注意什么？

2.视距测量中"使望远镜视线水平"，即$\delta=0$时；"使望远镜中丝读数瞄准仪器高"，即 $L_{中}=i$ 时；"置望远镜于任意角度"，即$\delta\neq0$时。三种观测方法有什么区别？各适用什么场合？

表 3-4　经纬仪视距测量记录表

仪器＿＿＿＿＿＿＿＿＿＿＿＿　　班组＿＿＿＿＿＿＿＿＿＿＿＿＿　　观测者＿＿＿＿＿＿＿＿＿＿＿

$K=$＿＿＿＿＿＿＿＿＿＿＿＿　　日期＿＿＿＿＿＿＿＿＿＿＿＿＿　　记录者＿＿＿＿＿＿＿＿＿＿＿

测站 仪器高 （m）	目标	竖盘位置	尺上度数			视距间隔 $b-a$	竖盘读数 （°′″）	垂直角 a （°′″）	高差 h （m）	水平距离 D （m）
			上丝 a	下丝 b	中丝 v					
		左								
		右								
		左								
		右								
		左								
		右								
		左								
		右								
		左								
		右								
		左								
		右								
		左								
		右								
		左								
		右								
		左								
		右								
		左								
		右								
		左								
		右								
		左								
		右								
		左								
		右								
		左								
		右								

实验五　四等水准测量

一、实验目的

（1）掌握四等水准测量的步骤。

（2）掌握用双面水准尺进行四等水准测量的观测、记录、计算方法。

（3）熟悉四等水准测量的主要技术指标，掌握测站及水准路线的检核方法。

二、仪器及备品

每组领取 NAL124 型自动安平水准仪 1 台，大、小脚架各 1 个，双面水准尺 1 对（红面尺起点为 4687mm、4787mm 各一根），尺垫 2 个，记录夹 1 个，记录纸 3 张，计算器 1 个，测伞 1 把，白胶布 1 卷，铁桩 5～6 根，自备铅笔、橡皮。

三、四等水准测量的步骤

（1）拟定计划。

（2）踏勘。

（3）选点、埋标。

（4）观测。

（5）检核。

（6）计算。

四、观测方法

（1）选一条闭合或附合水准路线，其长度以安置 4～6 个测站为宜。用木桩把线路中的点位标记出来。

（2）在起点与第一个立尺点之间设站，整平仪器后，按以下顺序观测：

① 瞄后视黑面尺，精平，读取下、上、中丝读数，记为（1）、（2）、（3），填入表格。

② 瞄前视黑面尺，精平，读取下、上、中丝读数，记为（4）、（5）、（6），填入表格。

③ 瞄前视红面尺，精平，读取中丝读数，记为（7），填入表格。

④ 瞄后视红面尺，精平，读取中丝读数，记为（8），填入表格。

这种瞄准观测顺序简称"后—前—前—后"。

（3）当测站观测记录完毕后计算：

① 后视距：（9）＝［（1）－（2）］×100÷1000（以米为单位）。

② 前视距：（10）＝［（4）－（5）］×100÷1000（以米为单位）。

③ 前后视距差：（11）＝（9）－（10）。

④ 视距累计差：（12）＝前站（12）+本站（11）。

⑤ 基、辅分划读数差：（13）＝（6）+K－（7），（14）＝（3）+K－（8）。式中，K=4687 或 4787。

⑥ 基、辅分划所测高差之差：（15）＝（3）－（6），（16）＝（8）－（7）。

⑦ 基、辅分划读数差：（17）＝（15）－［（16）±0.100］。

⑧ 平均高差：$(18)=\dfrac{(15)+\big[(16)\pm0.100\big]}{2}$。

检查各项要求是否合格。

（4）依次同法施测其他各站，具体填表方法见"四等水准测量记录表"（表3-5）。

五、全路线施测完毕后计算

（1）路线总长，即各站前、后视距之和在1000m左右：

$$L=\sum\big[(9)+(10)\big]\geqslant1000\mathrm{m}$$

（2）各站前、后视距差之和应与最后一站累计视距差相等：

$$\sum\big[(9)-(10)\big]=末站（12）$$

（3）每页检核：

偶数站：

$$\sum\big[(3)+(8)\big]-\sum\big[(6)+(7)\big]=\sum\big[(15)+(16)\big]=2\sum(18)$$

奇数站：

$$\sum\big[(3)+(8)\big]-\sum\big[(6)+(7)\big]=\sum\big[(15)+(16)\big]=2\sum(18)\pm0.100$$

（4）路线闭合差应符合限差要求：

$$\sum h=f_h\leqslant f_{h*}=\pm20\sqrt{L}\,\mathrm{mm}$$

（5）各站高差改正数及各待定点的高程，填写"高差计算与调整表"（表3-6）。

表 3-5 四等水准测量记录表

自 _____ 测至 _____ 班组 _____ 观测者 _____

仪器 _____ 天气 _____ 日期 _____ 记录者 _____

K= _____ 成像 _____ 时间 _____ 检查者 _____

测站	点号	后尺上丝 / 后尺下丝 / 后视距 / 视距差	前尺上丝 / 前尺下丝 / 前视距 / 累计差	方向尺号	水准尺读数 黑面（mm）	水准尺读数 红面（mm）	黑 – 红 +K（mm）	高差中数（m）	高程（m）
	| |			后					
				前					
				后—前					
	| |			后					
				前					
				后—前					
	| |			后					
				前					
				后—前					
	| |			后					
				前					
				后—前					
	| |			后					
				前					
				后—前					
	| |			后					
				前					
				后—前					
	| |			后					
				前					
				后—前					
	| |			后					
				前					
				后—前					
验算									

表 3-6　高差计算与调整表

班组＿＿＿＿＿　　　仪器＿＿＿＿＿　　　计算者＿＿＿＿＿
日期＿＿＿＿＿　　　天气＿＿＿＿＿　　　检查者＿＿＿＿＿

测段编号	点名	距离 (km)	测站数	实测高差 (m)	改正数 (m)	改正后的高差 (m)	高程 (m)	备注
		3	4	5	6	7	8	9
1	2							
	1							
	2							
	3							
	4							
	5							
Σ	1							
辅助计算								

六、计算

高差闭合差 f_h：$\sum_{i=1}^{n} h_i = f_h \neq 0$；

应满足：$f_h \leqslant f_{h*} = \pm 20\sqrt{L}$（mm）；

各站高差改正数 V_{ki}：$V_{hi} = -\dfrac{f_h}{\sum L} L_i$；

各段路线改正后高差 $h_i{}'$：$h_i{}' = h_i + v_{hi}$；

各点高程：$H_{i+1} = h_i + h_i{}'$。

七、注意事项

（1）每站观测结束应当立即计算检核，若有超限则重测该站。全线路施测计算完毕，各项检核均已符合，路线闭合差也在限差之内，即可收测。

（2）如果误差较大，应注意检查：

① 仪器误差。

② 观测误差：

a. 水准管气泡居中的误差；

b. 水准管倾斜的误差；

c. 照准误差；

d. 外界因素；

e. 尺垫下沉的误差；

f. 温度、风力等的影响。

（3）有关技术指标的限差规定见表3-7。

表3-7　相关技术指标的限差规定

等级	视距长度（m）	前后视距差（m）	前后视距累计差（m）	基、辅分划读数差（mm）	基、辅分划所测高差之差（mm）	路线闭合差（mm）
四	≤80	≤5.0	≤10.0	5.0	5.0	$\pm 20\sqrt{L}$

注：L 为路线总长，单位 km。

（4）实验结束交"实验报告"及"四等水准测量记录表"（表3-5）各一份。

实验六　距离丈量与直线定线

一、实验目的

（1）掌握量距的方法。
（2）掌握经纬仪定线的方法。

二、仪器及备品

每小组经纬仪 1 台，大、小脚架各 1 个，测绳 1 根，钢卷尺 1 只，测钎 5 根，花杆 2 根，记录板 1 块，记录纸 2 张，羊角锤 1 把，木桩小钉等。

三、实验方法及步骤

（一）经纬仪定线

（1）在地面上选定相距 100～130m 的 A、B 两点，打下木桩并在木桩中心钉上小钉作点位标记（若在水泥或沥青路面上可直接画十字作标记）。

（2）往测——在 A 点安置经纬仪，并同时对中、整平仪器。

（3）精确瞄准 B 点，当 B 点目标与中竖丝重合时，制紧水平制动，松开竖直制动，

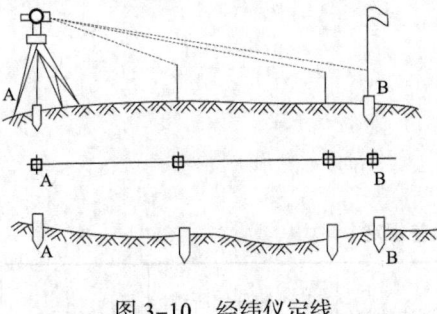

图 3-10　经纬仪定线

这时十字丝竖丝可确认为 A、B 间连线。

（4）甲同学手执测绳一端，携带测钎和花杆沿 A、B 方向前进，乙同学手执测绳另一端（零端）留在 A 点上。

（5）在距 A 点大约 50m 处，甲同学立花杆，于 A、B 连线附近，观测者用望远镜边瞄准边指挥，使甲同学持花杆左右移动，直至落到十字丝竖丝上为止（图 3-10）。

（6）乙同学以测绳零点对准 A 点中心位置，甲同学拉紧拉平测绳，在整米处插下测钎，测钎要保证插在 A、B 两点的连线上。

（7）读取该尺段的整米数，记入表格。

（8）下一尺段，甲同学手执测绳继续沿 AB 方面前进，乙同学随行至第一根测钎处。观测者指挥甲同学插入第二根测钎于 A、B 两点连线上，读取该尺段整米数，记入表格。

（9）以此类推直至 B 点。当最后一段出现不足 1m 时，可用钢卷尺量距并精确至毫米位。

（10）每一尺段距离保持相等，如有不同，一定要做好记录。

（11）返测时将仪器安置于 B 点，瞄准 A 点，指挥甲、乙两同学由 B 点向 A 点方向测量，测量方法同往测。

（12）往测、返测结束后，要检查和计算量距精度和相对误差 K：

$$K = \frac{\left| D_{往} - D_{返} \right|}{\left| D_{往} + D_{返} \right| / 2} \leqslant \frac{1}{2000}$$

超限者要检查原因或返工重测。无误后取其平均值作为 A、B 两点间距并填入表格。

（二）花杆定线

花杆定线丈量两点距离，方法简便，容易操作，但其精度较低，在测图精度要求较高时不宜采用。

（1）在 B 点立一花杆，观测者立于 A 点，采用三点成一线的目估法（图 3–11），指挥中间同学将花杆立于 AB 的连线上，然后再用测绳丈量该段距离，其方法同经纬仪定线法。

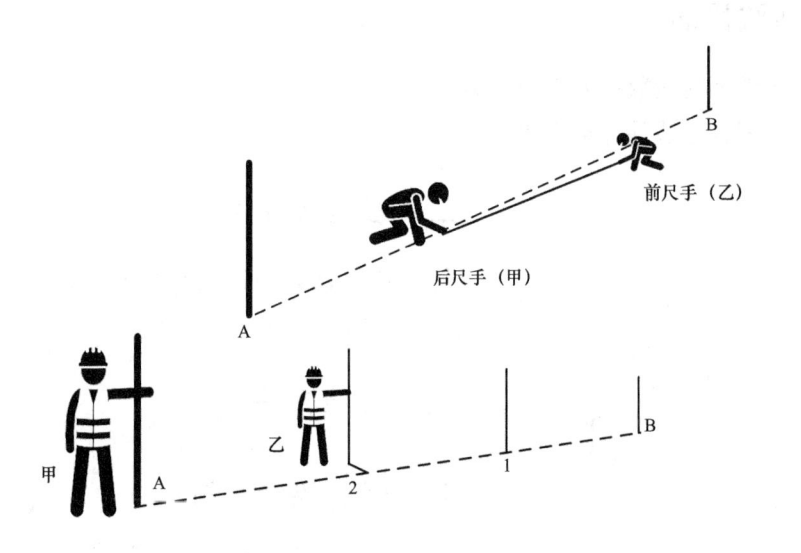

图 3–11　花杆定线

（2）每尺段应为整读数，出现不足 1m 时，应用钢卷尺量至毫米位。

（3）往、返测量的方法和计算与经纬仪定线丈量法相同，其相对误差 K 为：

$$K = \frac{\left| D_{往} - D_{返} \right|}{\left| D_{往} + D_{返} \right| / 2} \leqslant \frac{1}{1000}$$

超限者要检查原因或返工重测，无误后取其平均值作为 A、B 两点间距并填入表中。

四、注意事项

（1）测绳要绝对以"零"点位置对准每一尺段起点。

（2）测绳要拉直，在地形坡度较小的情况下，要保持测绳基本水平，对坡度变化大于 3° 的地形，需测量其竖直角，通过计算求出两点间水平距离。

（3）实验结束交"实验报告"及"量距记录表"各一份。

思 考 题

1. 说明下列现象对丈量结果有什么影响：

（1）测绳和卷尺的长度不正确；测绳拉得不够水平。

（2）定线不准，花杆插得忽左忽右；读数、拉力忽大忽小。

2. 为保证量距既是直线距离，又是水平距离，应采取什么措施？

实验七 闭合导线计算

一、实验目的

（1）初步掌握测量数据的整理步骤。

（2）掌握闭合导线的计算方法。

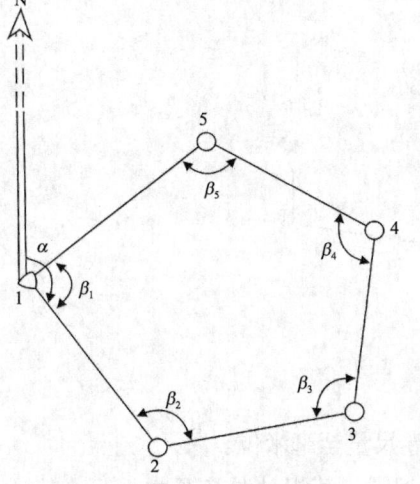

图 3-12 闭合导线测量草图

二、仪器及备品

每人独立计算。每人计算器 1 个，计算表格 1 张（按学号领取），铅笔、橡皮自备。

三、计算方法

（一）绘制导线略图

每人根据观测成果数据绘制略图一张（图 3-12）。将角度、距离观测值与已知数据填入相应的表格。

（二）角度闭合差 f_β 的计算及调整

角度闭合差是指多边形闭合图形内角总和的理论值与实际观测值总和之差，f_β 的大小有严格的限制要求。

闭合导线内角之和在理论上应满足：

$$\sum_{i=1}^{n} \beta_{理} = (n-2) \cdot 180°$$

实际观测值为：

$$\sum_{1}^{n} \beta_i = \beta_1 + \beta_2 + \beta_3 + \cdots + \beta_n$$

角度闭合差则为：$f_{\beta}=\sum\limits_{1}^{n}\beta_i-\sum\limits_{i}^{n}\beta_{理}$

闭合差限值要求：$f_{\beta}\leqslant f_{\beta容}=\pm40''\sqrt{n}$

改正值：$V_{\beta i}=-\dfrac{f_{\beta}}{n}$

式中，n 为角的个数。

注意：当 $V_{\beta i}=-\dfrac{f_{\beta}}{n}$ 出现余数时，可将其以整秒的形式分配于较大的观测角上。

（三）推算坐标方位角

一般情况下，根据已知边的方位角和连接角，可以推算起始边的方位角。有了起始边的方位角，其余各边的方位角可按下列公式依次推算：

$$\alpha_i=\alpha_{i-1}+\beta_i+V_{\beta i}\pm180°$$

式中，若 α_{i-1}、β_i、$V_{\beta i}$ 三项之和大于 180° 时，则取 "－" 号；若 a_{i-1}、β_i、$V_{\beta i}$ 三项之和小于 180° 时，则取 "＋" 号。

（四）坐标增量的计算

坐标增量是指导线点由 A 到 B 时，在 x 和 y 方向的位移量，用 Δx、Δy 来表示，Δx 和 Δy 的大小不但与两点间距离有关，而且与所在边的方位角有关（图 3-13），增量值的正、负则取决于方位角的函数值。

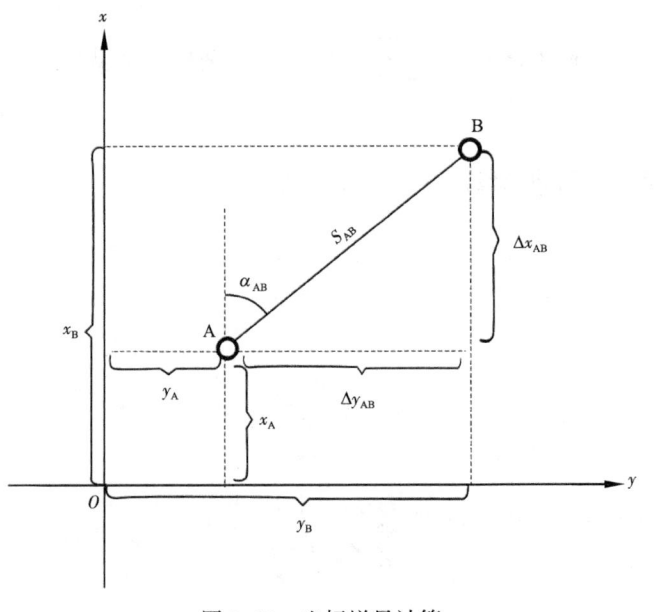

图 3-13　坐标增量计算

根据三角关系：

$$\Delta x_i = S_i \cos\alpha_i$$

$$\Delta y_i = S_i \sin\alpha_i$$

（五）坐标增量闭合差的计算及其分配

图 3-14 中可看出，闭合多边形中纵、横坐标增量的代数总和在理论上应等于零，但实际上因为测角、量边存在误差，其中角度闭合差 f_β 虽然调整过了，但并不完全合理。因此在实际计算中产生了纵、横坐标增量闭合差 f_x、f_y，且 $f_x = \sum_1^n \Delta x_i$，$f_y = \sum_1^n \Delta y_i$。

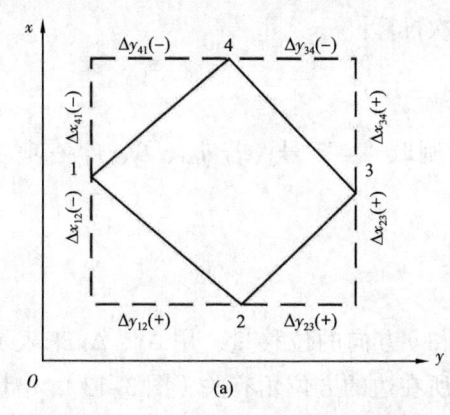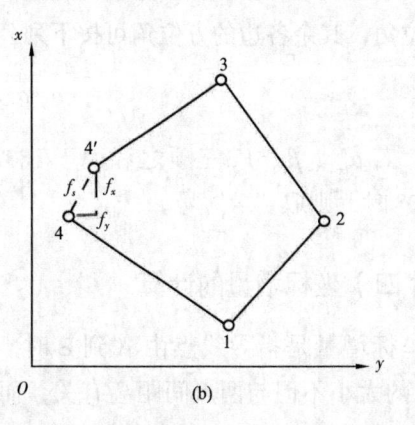

图 3-14　坐标增量闭合差及全长闭合差的计算

按几何关系得到全长闭合差 $f_s = \sqrt{f_x^2 + f_y^2}$，导线全长相对误差 $K = \dfrac{f_s}{\sum\limits_1^n s_i} \leqslant \dfrac{1}{2000}$（$\sum\limits_1^n s_i$ 为导线总长度）。

进行坐标增量闭合差的调整：

$$V_{\Delta xi} = -\frac{f_x}{\sum\limits_1^n S_i} S_i$$

$$V_{\Delta yi} = -\frac{f_y}{\sum\limits_1^n S_i} S_i$$

检验：

$$\sum_1^n V_{\Delta xi} = -f_x$$

$$\sum_1^n V_{\Delta yi} = -f_y$$

（六）推算各导线点的坐标

根据起始点坐标和改正后的坐标增量，依次推算各点坐标，其公式为：

$$x_i = x_{i-1} + \Delta x_i + V_{\Delta xi}$$

$$y_i = y_{i-1} + \Delta y_i + V_{\Delta yi}$$

（七）计算各导线点的高程

根据已知点高程和各点间高差数据，可以计算出各导线点的高程。

（1）计算高差闭合差 f_h：

$$f_h = \sum_1^n h_i$$

要求：

$$f_h \leqslant f_{h容} = \pm \frac{0.15D}{\sqrt{n}}$$

式中，D 以千米为单位。

（2）计算高差闭合差改正值 V_{hi}：

$$V_{hi} = -\frac{f_h}{D} S_i$$

式中　D——导线总长；

　　　S_i——任一导线边长。

（3）计算各导线点高程 H_i：

$$H_i = H_{i-1} + h_i + V_{hi}$$

反复检查无误后，认真填写"闭合导线计算成果表"（表3-8），上交计算成果。

四、注意事项

（1）如果角度闭合差 f_β 和全长相对误差 K 超限，应马上返工，重新进行计算。

（2）计算过程中的检验不要遗漏。

（3）起始数据要认真核对后，方可计算。

（4）起始方位角、起始坐标值应绝对闭合，出现不闭合时应认真检查计算过程。

（5）每次改正值前的"–"号，表示原值的反意，计算时切勿疏漏。

（6）各项辅助计算结果要在相应位置标注清楚，如 $\sum D$、f_β、V_β、f_x、f_y、f_s、K、$\sum h$、V_h 等。

学号＿＿＿＿＿　姓名＿＿＿＿＿　专业＿＿＿＿＿　班组＿＿＿＿＿　日期：　　年　月　日　序号　××

表 3-8　闭合导线计算成果表（综合性实验）

点号	平距 D (m)	水平角 观测值 (°)	(′)	(″)	水平角 改正值	方位角 (°)	(′)	(″)	坐标增量 Δx	改正值	Δy	改正值	纵坐标 X	横坐标 Y	平均高差 (m)	改正值 (m)	高程 H (m)
1	145.039	104	55	12		150	00	00					1000.00	2000.00			80.5
5	145.168	115	11	14													
4	159.616	89	56	46													
3	136.429	128	43	38													
2	141.319	101	12	20													
1		150	00	00									1000.00	2000.00			80.5

辅助计算	$\sum\limits_{i=1}^{5} D =$	$\sum\limits_{i=1}^{5} \beta =$	$f_\beta =$	$V_\beta =$	$f_x =$	$f_y =$	$f_s =$	$K =$	$f_h =$	$V_x =$
本次实验要求独立完成，并将各环节计算结果认真填写清楚，表面要整洁，字体要工整，不许涂改										

实验八　等高线的勾绘

一、实验目的

理解等高线的特性，掌握等高线内插方法。

二、实验用品

铅笔、橡皮、格尺。

三、内插法描绘等高线的原理

简单地讲，等高线就是地面上高程相等的点所连成的闭合曲线。由于地形点是选在地面坡度变化处，因此在同一坡度上相邻两地形点之间，其高差与平距成正比关系。所以尽管所测地形点的高程不等于所求等高线的高程，但可通过上述比例关系，求出等高线经过的位置。如图 3-15 所示，A、B 为所测同坡度上的两个地形点，C、D 为所求等高线通过点，h_0、h_1、h_2 为 AB、AC、BD 三高差，d_0、d_1、d_2 分别为 AB、AC、BD 在图上的平距，则：

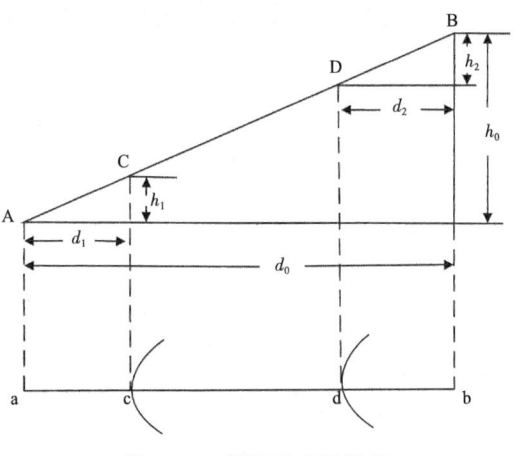

图 3-15　等高线内插原理

$$\frac{d_1}{d_0} = \frac{h_1}{h_0}$$

$$d_1 = \frac{h_1}{h_0} \times d_0$$

$$\frac{d_2}{d_0} = \frac{h_2}{h_0}$$

$$d_2 = \frac{h_2}{h_0} \times d_0$$

已知 d_0、h_0、h_1、h_2，求出 d_1、d_2 后，即可找出等高线经过的点 c 和 d。将相邻山脊线上和山谷线上同坡度的地形点一一连接起来，照上述方法分别求出等高线通过点，然后把高程相同的点用圆滑的曲线连接起来，就可描绘出等高线。

这种方法的缺点是计算工作量太大。由此，下面介绍一种简单的方法——目估法。

四、目估法勾绘等高线的方法和步骤

（1）将所测得的地形点按测图比例尺展到图上，注上高程，如图 3-16（a）所示。

（2）把同一山脊线上的点用虚线连接，同一山谷线上的点用实线连接，以构成一块地形"骨架"，如图 3-16（b）所示。

（3）沿着山脊线和山谷线，分别用已知地形点的高程目估内插等高线，如图 3-16（c）所示。

（4）将相邻山脊线和山谷线上高程相同点连成圆滑曲线，并一块块、一条条地加以追踪延伸，直至绘出全部等高线，如图 3-16（d）所示。

（5）擦掉山脊线、山谷线及注记高程数，对图进行整饰。

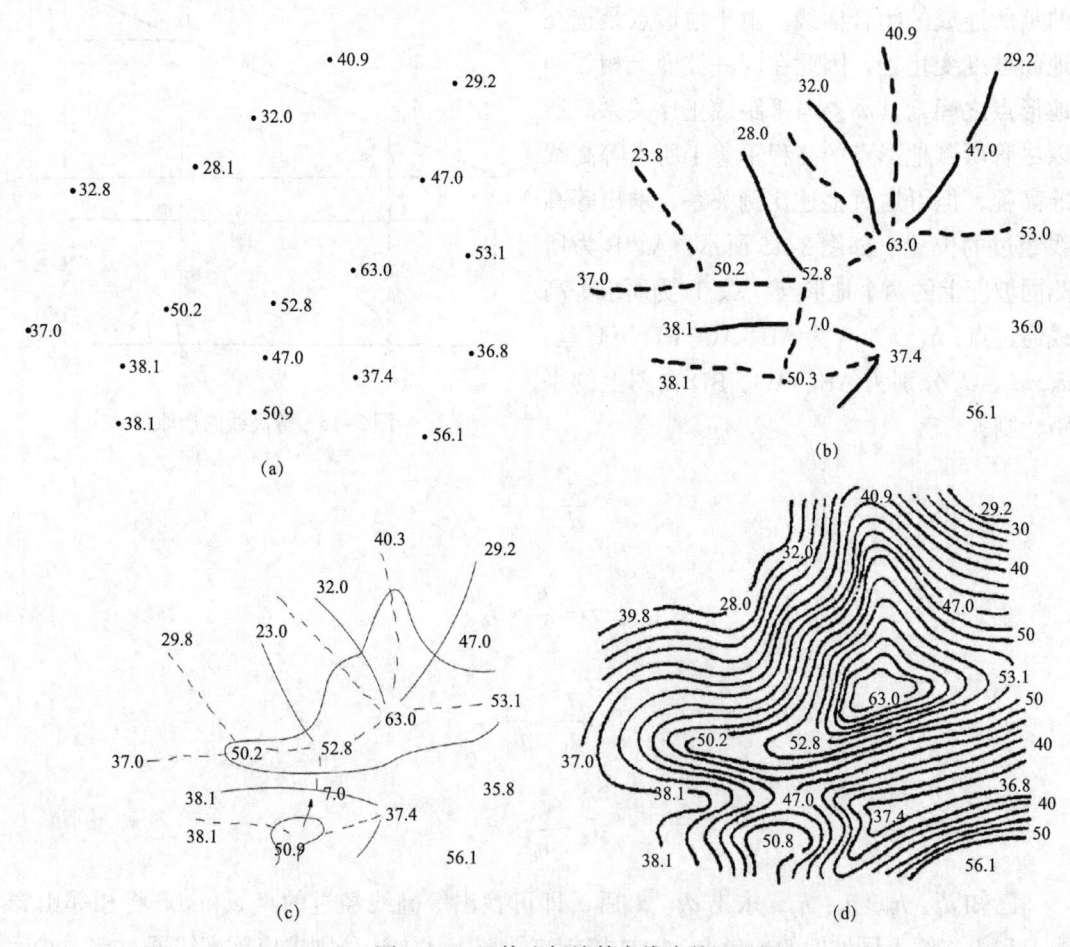

图 3-16　目估法勾绘等高线步骤

典型地形的等高线如图 3-17 所示。

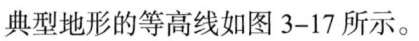

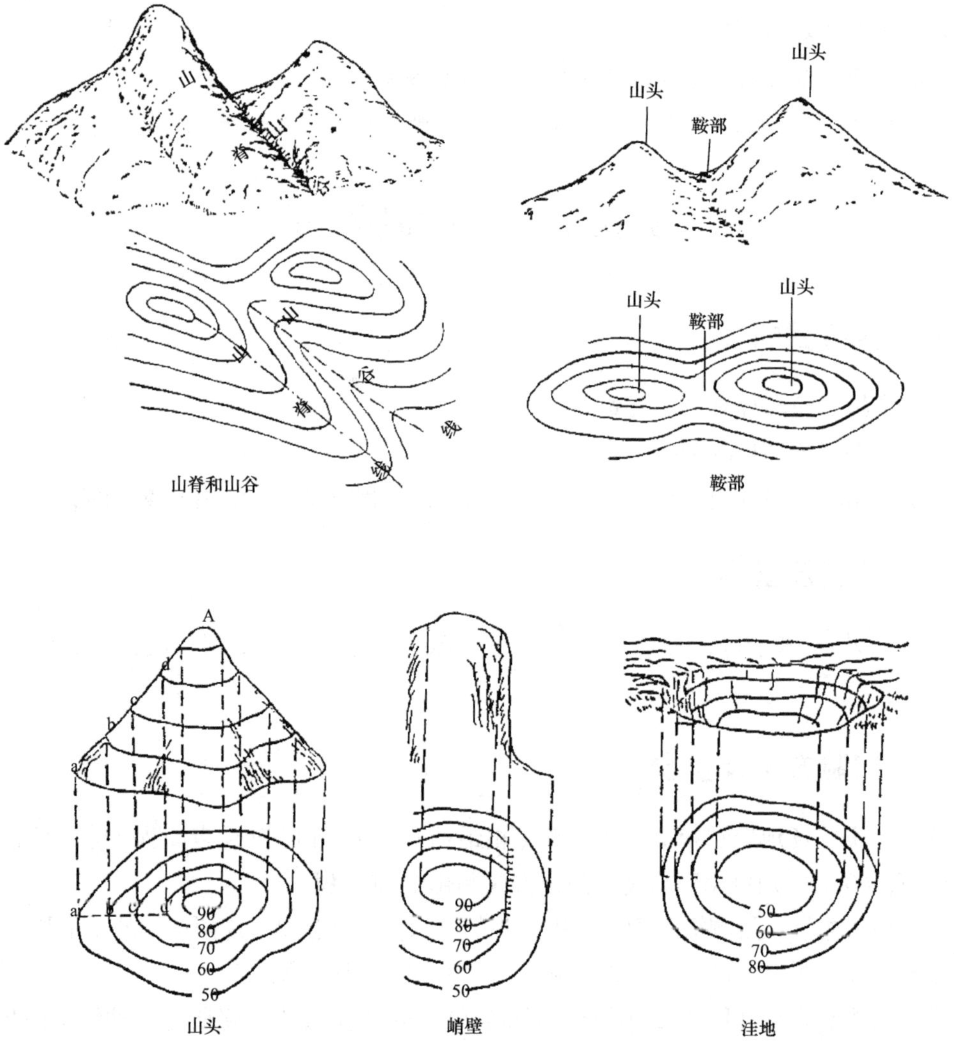

图 3-17　典型地形等高线

五、注意事项

（1）曲线要光滑，线条粗细要均匀。

（2）计曲线要注记高程且字头朝向山头。计曲线粗 0.3mm，首曲线粗 0.15mm。

（3）描绘等高线应在现场进行，一边勾绘等高线，一边对照实地地形及时加以修正，所描绘等高线尽可能地反映实地特征。

（4）实验结束后，每人交一份"等高线内插练习"。

思 考 题

1. 总结等高线的特性。

2. 相邻两点不在同一坡度条件下能否内插等高线？

3. 相邻两点距离短的和相邻两点距离长的，哪个勾绘出来的等高线更可靠？

实验九　三角高程测量

一、实验目的

（1）掌握三角高程测量的观测方法。

（2）掌握三角高程测量的计算方法。

（3）每组在实验场地选定 A、B 两点，用三角高程测量方法测出两点间的高差。

二、仪器及备品

每实验小组电子经纬仪 1 台，大、小脚架各 1 个，标杆 2 根，测绳 1 卷，钢卷尺 1 个。

三、实验方法及步骤

（1）在实验场地上选择 A、B 两点（相距约 60m），如已知 A 点高程（本实验假定 A 点高程 $H_A=60m$），则可用三角高程测量方法测出 B 点高程。

（2）距离丈量：用测绳和钢尺使用量距的一般方法测出 A、B 两点间的水平距离 D_{AB}。如在已知距离的两点上进行三角高程测量，则不需进行距离测量工作。

（3）观测竖直角如图 3-18 所示。可将经纬仪安置在 A 点，将所有制动螺旋松开，使望远镜于盘左位置，转动照准部，使望远镜大致瞄准另一导线点上的目标，如视距尺。固定制动螺旋，转动微动螺旋使中横丝切目标上的某点，如 1.5m，或仪器高 i，记入"标高"栏目中，将竖盘指标水准管气泡居中，或转动竖盘补偿旋钮转至"工作"位置时，读取竖盘读数 V_z，以 L 记入垂直角"正读数"栏目中。再松动所有制动螺旋，倒转望远镜，使之成为盘右位置，以上述方法瞄准同一导线点的目标，读取盘右读数 V_z，以 R 记入相应的"倒读数"栏目中。读盘左、盘右时中横丝在视距尺上的读数 $L_{中}$。

（4）记录。将观测数据记录在三角高程测量记录表中（表 3-9）。

（5）精度要求高时，由 B 点架仪器观测 A 点一次，取观测所得到高差绝对值的平均值，以抵消两差影响。

（6）计算。按下列公式计算竖直角、指标差及两导线点之间的高差。

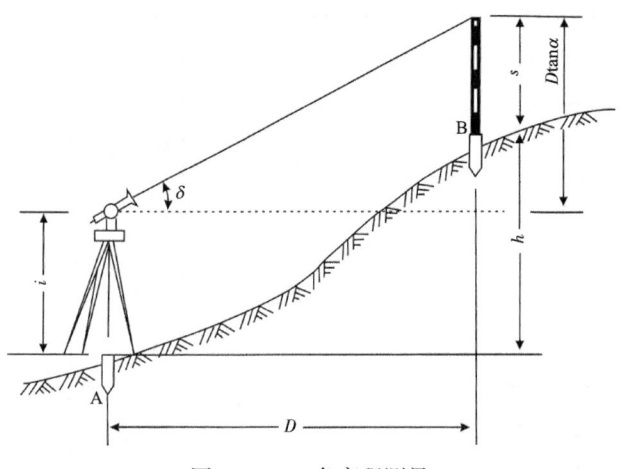

图 3–18　三角高程测量

竖直角计算公式：

$$\delta_{左}=90°-L$$

$$\delta_{右}=R-270°$$

$$\delta=\frac{1}{2}(\delta_{左}+\delta_{右})$$

指标差计算公式：

$$x=\frac{1}{2}(\delta_{右}-\delta_{左})$$

三角高程计算公式：

$$h_{AB}=D_{AB}\tan\delta+i-L_{中}=ct\cos^2\delta\tan\delta+i-L_{中}（往测高差）$$

$$h_{BA}=D_{BA}\tan\delta+i-L_{中}=ct\cos^2\delta\tan\delta+i-L_{中}（返测高差）$$

如往、返测高差之差在容许范围之内，则取平均值，否则需重测。

四、精度要求

（1）仪器高、标杆高均精确量至 1mm。
（2）往、返测高差之差的容许误差为 $f_{h容}=\pm0.04D$，其中 D 为边长，以百米为单位。

五、注意事项

（1）竖直角观测时应以中丝横切于目标顶部。
（2）对于有竖盘指标水准管的经纬仪，每次竖盘读数前必须使水准管气泡居中。
（3）安置好仪器后应及时量取仪高，以免在测好后忘记量取仪高而移动了仪器。
（4）当 $D<400m$ 时，可不进行两差改正。

日期＿＿＿＿＿ 班级组＿＿＿＿＿ 仪器号＿＿＿＿＿ 天气＿＿＿＿＿ 观测者＿＿＿＿＿ 记录者＿＿＿＿＿

表 3-9　三角高程测量记录表

待求点	起算点	观测	平距	竖直角			$D\tan\alpha$ (m)	仪器高 i (m)	站标高 L (m)	两差改正 f (m)	高差 往、返测 i (m)	平均高差 (m)	起算点高程 (m)	待求点高程 (m)
				L	R	α								
		往												
		返												
		往												
		返												
		往												
		返												
		往												
		返												
		往												
		返												
		往												
		返												

实验十　全站仪基本测量

一、实验目的

（1）了解全站仪结构、部件，熟悉仪器的使用。

（2）掌握使用全站仪测水平角，测距和测坐标的方法。

（3）掌握仪器各按键的功能，并能合理地设置参数。

二、仪器及备品

每组 NTS-960 全站仪 1 台，棱镜 1~2 台，大、小三脚架各 1 个，钢卷尺 1 个，记录板 1 个，表格两张，铅笔 1 支。

三、实验方法及步骤

全站仪是具有电子测角、电子测距、电子计算和数据存储功能的仪器，它本身就是一个带有各种特殊功能，集测量、数据采集和处理于一体的电子化仪器（图 3-19）。

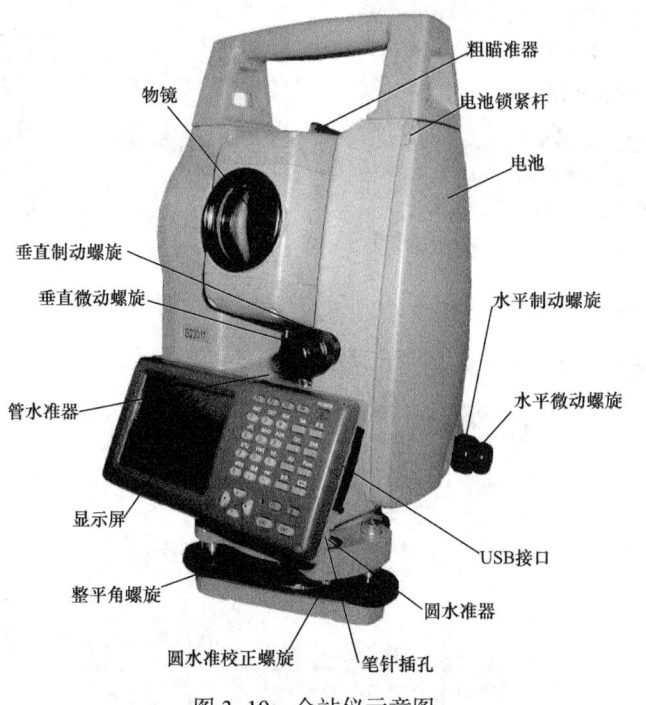

图 3-19　全站仪示意图

全站仪为贵重测量仪器，价值从数万元至数十万元，各学校拥有的全站仪型号不一定相同。现以 NTS-960 系列全站仪为例，介绍其功能及使用方法。本实验应在指导教师演示介绍后由学生进行操作。

（一）安装电池

测前应检查内部电池的充电情况，如电力不足应及时更换。测前装上电池，测后卸下电池。

（二）安置仪器

（1）在测站首先打开小三脚架，再打开大三脚架，在大三脚架上安装仪器。熟悉仪器各部件、功能和作用。

（2）平整仪器（可以用★键来检查，看气泡是否在中横丝和中竖丝交叉点上，即中心位置）。

（三）设置参数

设置温度、气压、大气改正值（PPM）、棱镜常数值（PSM）等参数。

（1）按开机键，开机界面如图 3-20 所示。

（2）用触笔双击 TNS 全站仪，基本测量界面如图 3-21 所示。

图 3-20　开机界面　　　　　　　　　　　图 3-21　基本测量界面

（3）双击"基本测量（1）"，出现的界面如图 3-22 所示。

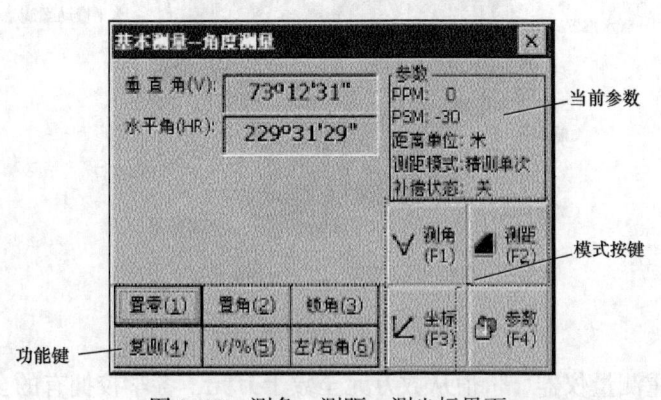

图 3-22　测角、测距、测坐标界面

（四）角度复测

角度复测的操作步骤见表3-10。

表3-10　角度复测操作步骤

操作步骤	按键	显示
（1）单击［复测］或按数字键［4］，进入角度复测功能；按［F1］（角度复测）键	［复测］	
（2）照准第1个目标点A	照准A	
（3）单击［置零］或按［F1］键，将水平角置零	［置零］	
（4）用水平制动和微动螺旋照准第2个目标点B	照准B	
（5）单击［锁定］或按［F2］键	［锁定］	

续表

操作步骤	按键	显示
（6）用水平制动和微动螺旋重新照准第 1 个目标点 A； （7）单击［解锁］或按［F3］键	重新照准 A ［解锁］	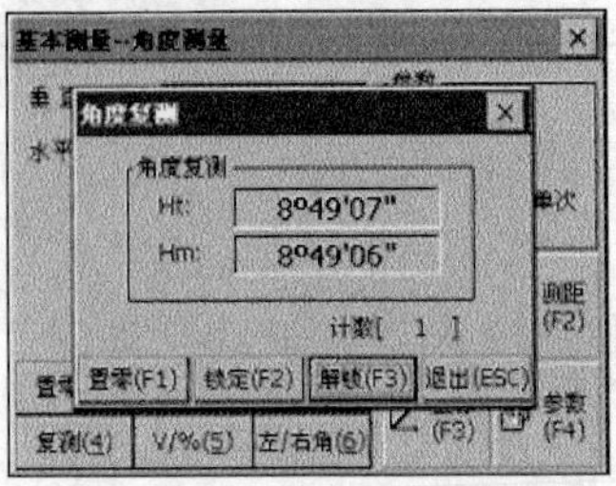 角度复测 Ht: 8°49'07" Hm: 8°49'06" 计数[1]
（8）用水平制动和微动螺旋重新照准第 2 个目标点 B； （9）单击［锁定］或按［F2］键，屏幕显示角度总和与平均角度	重新照准 B ［锁定］	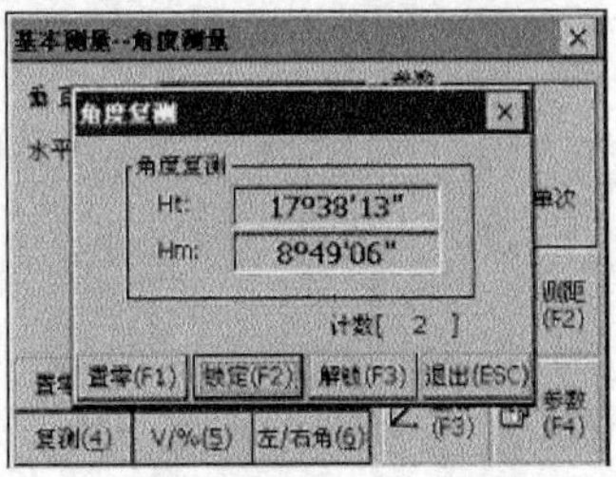 角度复测 Ht: 17°38'13" Hm: 8°49'06" 计数[2]
（10）根据需要重复步骤（6）～（9），进行角度复测 *		

*单击［退出］或按［ESC］键结束角度复测功能

注意：测完三次后，出现角度误差超限框，则角度需要重新测量，否则把角度填入表格。

（五）距离测量（瞄准棱镜）

距离测量（瞄准棱镜）的操作步骤见表 3-11。

表 3-11　距离测量（瞄准棱镜）的操作步骤

操作步骤	按键	显示
（1）照准棱镜中心	照准棱镜	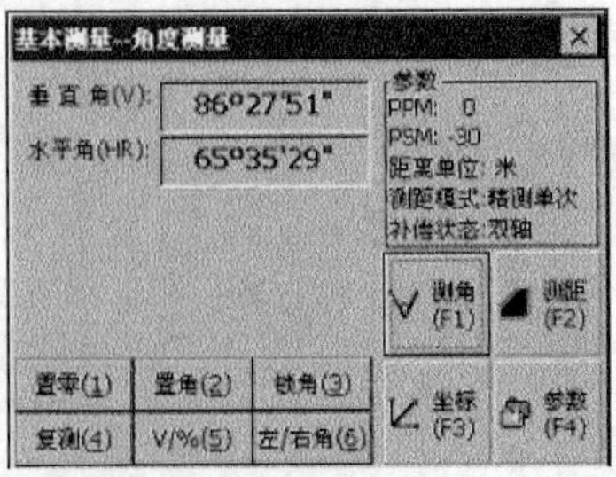 垂直角(V): 86°27'51" 水平角(HR): 65°35'29"

续表

操作步骤	按键	显示
（2）单击［测距］或按［F2］键进入距离测量模式，系统根据上次设置的测距模式开始测量	［测距］	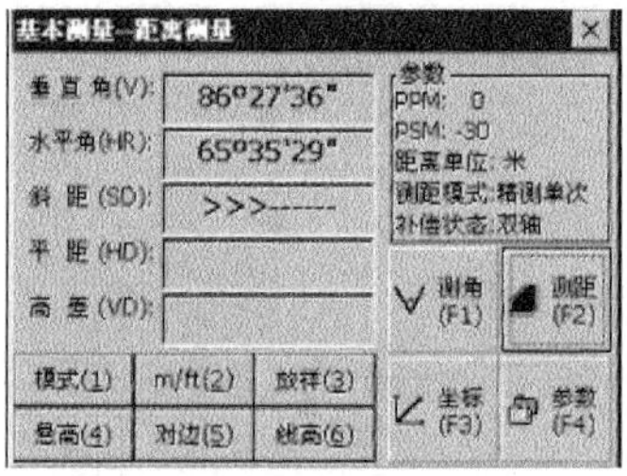
（3）单击［模式］或按数字键［1］进入测距模式设置功能，这里以"精测连续"为例	［模式］	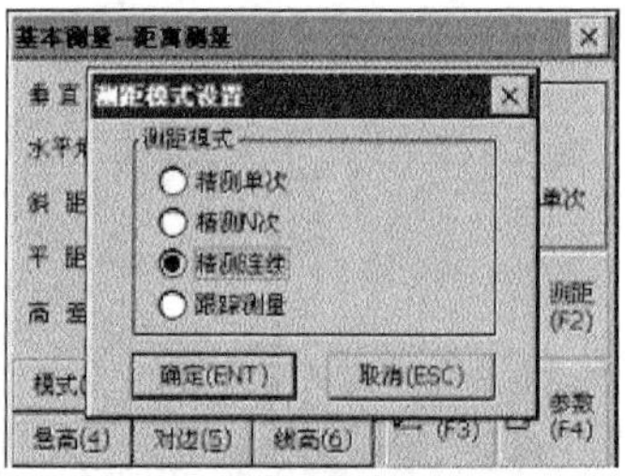
（4）显示测量结果 *		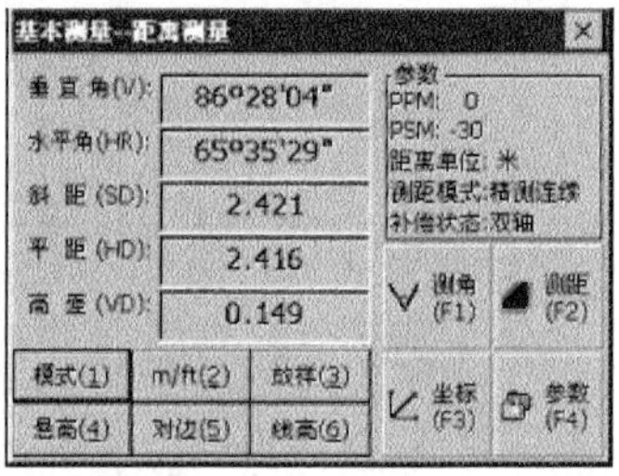

* 若再要改变测量模式，单击［模式］或按数字键［1］，如步骤（3）那样进行设置；测量结果显示时伴随着蜂鸣声；若测量结果受到大气折光等因素影响，则自动进行重复观测；返回角度测量模式，可按［F1］（测角）键

（六）坐标测量

在进行坐标测量时，通过设置测站坐标、后视方位角、仪器高和棱镜高，即可直接测定未知点的坐标。

（1）按［坐标］或按［F3］测量的操作步骤见表3-12。

表 3-12 ［坐标］操作步骤

操作步骤	按键	显示
单击［坐标］或按［F3］键，进入坐标测量模式	［坐标］	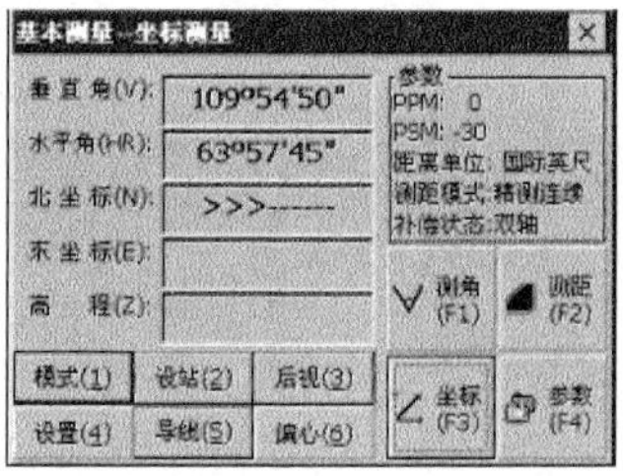

（2）按［设站］的操作步骤见表 3-13。

表 3-13 ［设站］操作步骤

操作步骤	按键	显示
（1）单击［设站］或按数字键［2］	［设站］	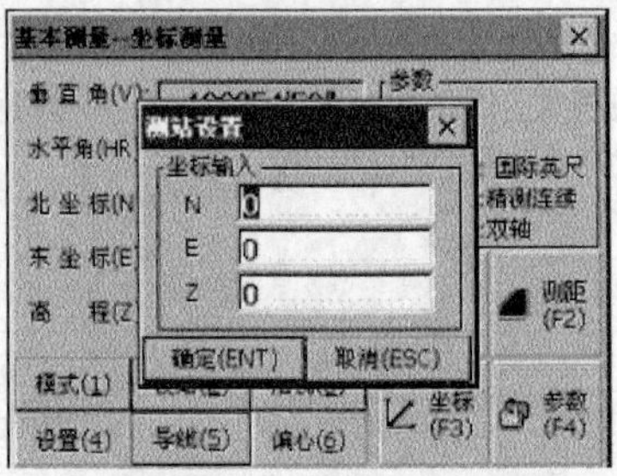
（2）输入测站点坐标，输入完一项，单击［确定］或按［ENT］键将光标移到下一输入项	［确定］	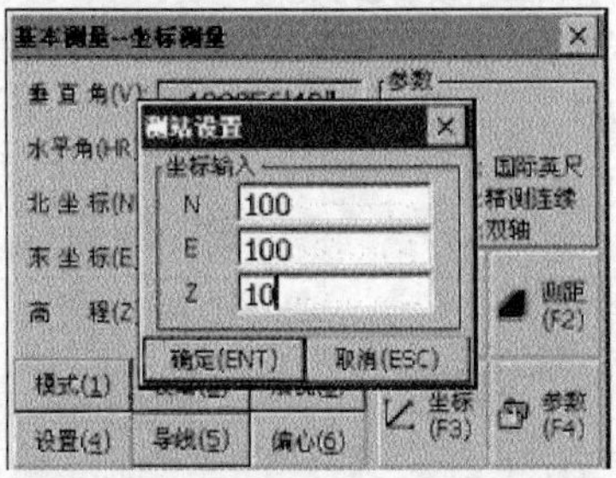
（3）所有输入完毕，单击［确定］或按［ENT］键返回坐标测量屏幕	［确定］	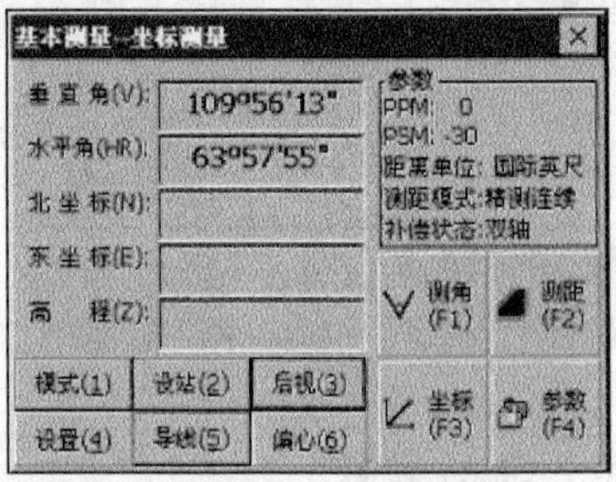

（3）按［后视］的操作步骤见表 3-14。

表 3-14 ［后视］操作步骤

操作步骤	按键	显示
（1）单击［后视］或按数字键［3］，进入后视点设置功能	［后视］	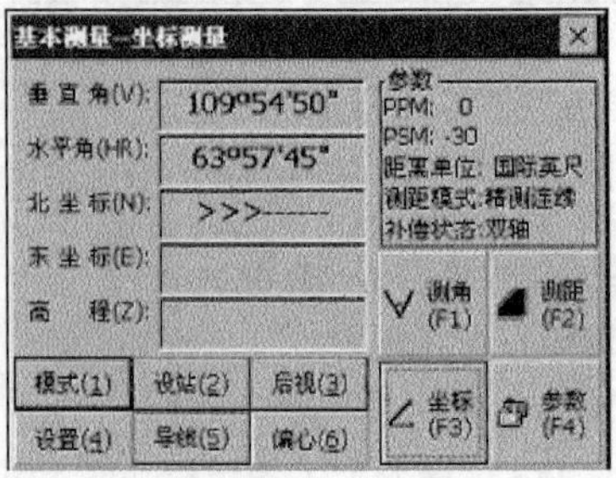

续表

操作步骤	按键	显示
（2）输入后视点坐标，输入完一项，单击［确定］或按［ENT］键将光标移到下一输入项	［确定］	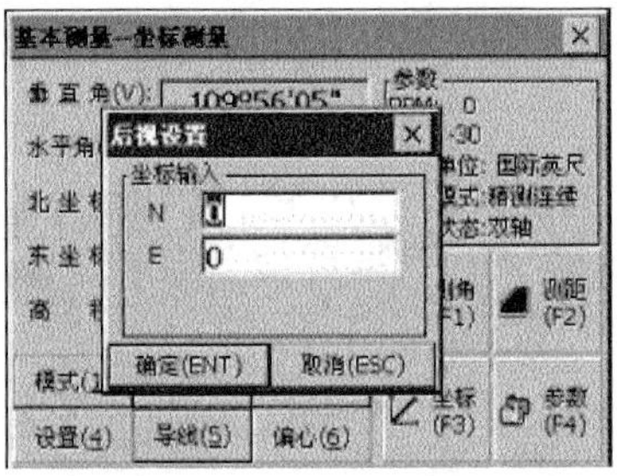
（3）输入完毕，单击［确定］	［确定］	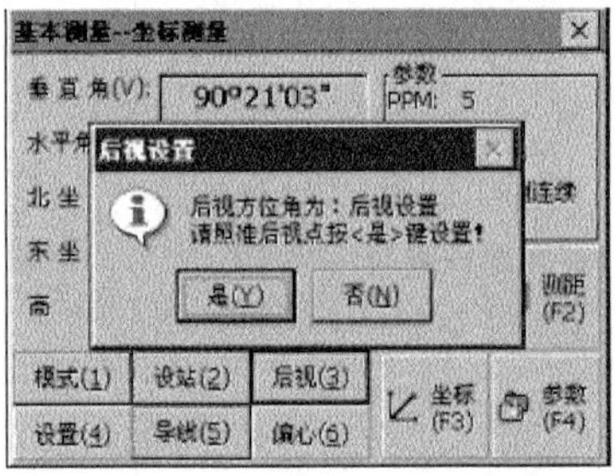
（4）照准后视点，单击［是］；系统设置好后视方位角，并返回坐标测量屏幕；屏幕中显示刚才设置的后视方位角	［是］	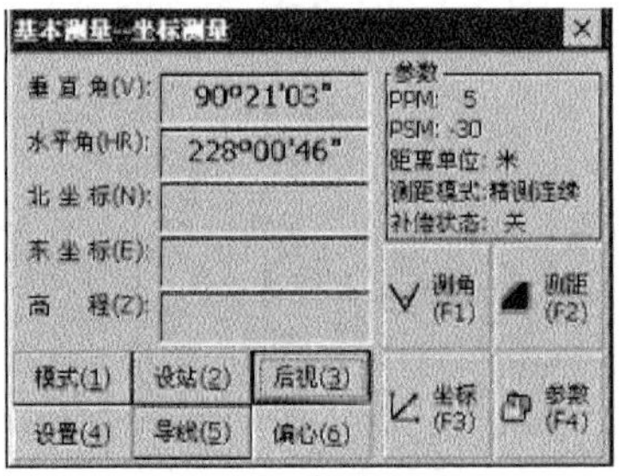

（4）按［设置］的操作步骤见表3-15。

表3-15　［设置］的操作步骤

操作步骤	按键	显示
（1）单击［设置］或按数字键［4］，进入仪器高、目标高设置功能	［设置］	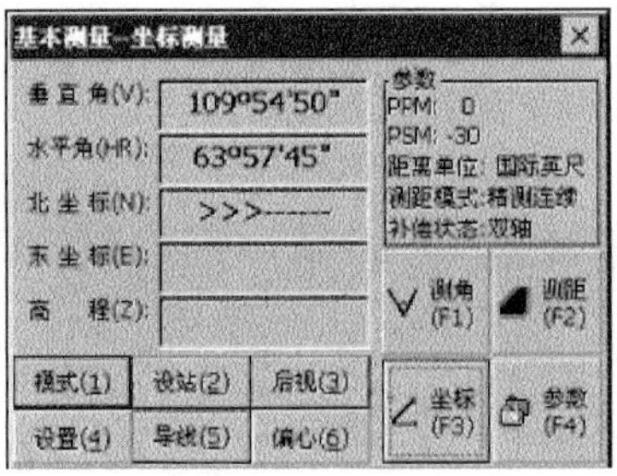

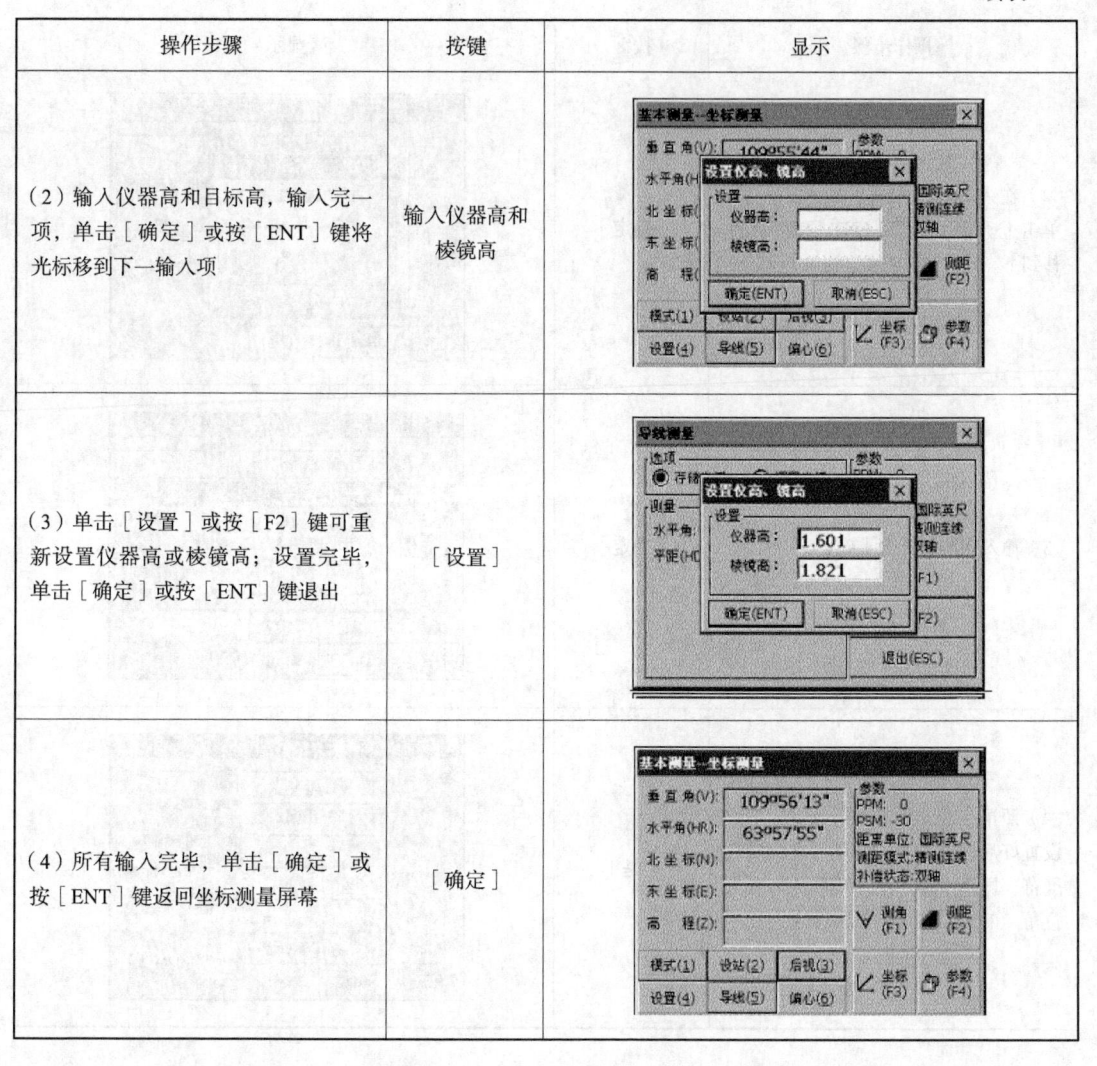

操作步骤	按键	显示
（2）输入仪器高和目标高，输入完一项，单击［确定］或按［ENT］键将光标移到下一输入项	输入仪器高和棱镜高	
（3）单击［设置］或按［F2］键可重新设置仪器高或棱镜高；设置完毕，单击［确定］或按［ENT］键退出	［设置］	
（4）所有输入完毕，单击［确定］或按［ENT］键返回坐标测量屏幕	［确定］	

（5）按［导线］的操作步骤见表 3-16。

表 3-16 ［导线］操作步骤

操作步骤	按键	显示
单击［导线］或按数字键［5］	［导线］	

（6）按［测量］的操作步骤见表 3-17。

表 3-17　［测量］操作步骤

操作步骤	按键	显示
照准仪器即将移至的目标点 P1 棱镜，单击［测量］或按［F1］键开始测量	［测量］	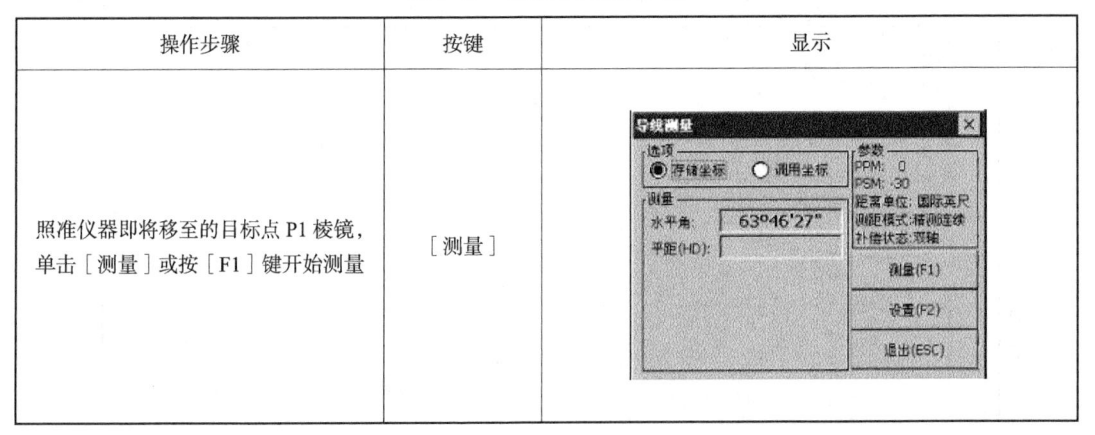

（7）按［继续］的操作步骤见表 3-18。

表 3-18　［继续］操作步骤

操作步骤	按键	显示
单击［继续］或按［F1］键，屏幕下方显示 P1 点坐标	［继续］	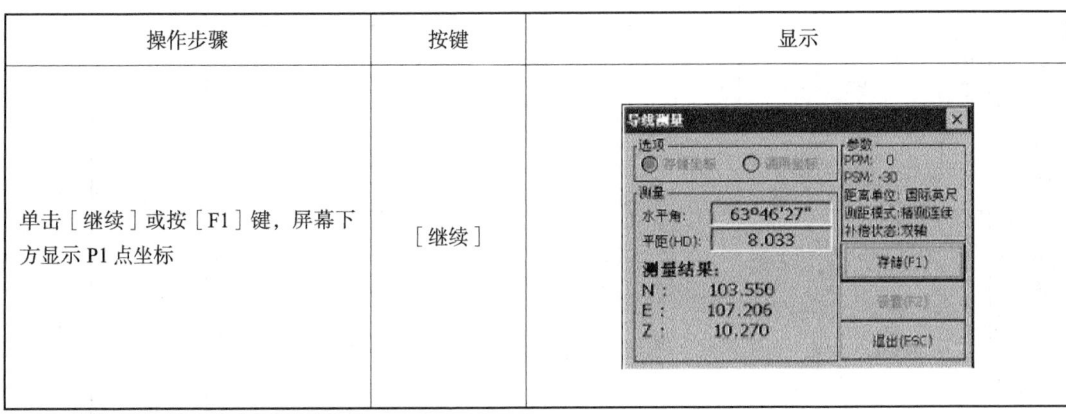

（8）把结果填入"全站仪测量记录表"中。

四、注意事项

（1）各组在指导教师上完课、演示后进行操作。

（2）严禁将照准镜头对向太阳或其他强光。

（3）拆、装电池时，必须是在关机状态下进行。

（4）测量工作结束后，应注意关机（用手摸一下屏幕，看是否有光亮）。

（5）应避开高压线、变压器等强电场的干扰流，保证测量信号正确。

（6）实验结束交"实验报告"及"全站仪测量记录表"（表 3-19）各一份。

表 3-19　全站仪测量记录表

日期　　　　　天气　　　　　仪器　　　　　班组　　　　　观测者　　　　　记录者　　　　　审核

测站（仪器高）(m)	目标（棱镜高）(m)	角度测量						距离测量			坐标测量			设站 $N_0=$ $E_0=$ $Z_0=$	后视 $N'=$ $E'=$	备注
		水平角（复测）			竖直角			斜距	平距	高差	N	E	Z			
		(°)	(′)	(″)	(°)	(′)	(″)	(m)	(m)	(m)	(m)	(m)	(m)			

实验十一　全站仪横断面测量

一、实验目的

进一步了解 NTS-960 系列全站仪，掌握使用全站仪测量横断面的方法。

二、实验内容

安置全站仪，利用菜单程序和屏幕提示，测量横断面上的各个点。

三、仪器及备品

每组全站仪 1 台，大、小脚架各 1 个，棱镜 1～2 台，记录板 1 个，表格 2 张，铅笔 1 支，测伞 1 把。

四、实验方法及步骤

横断面测量用于测量横断面上的点（图 3-23），并将数据按照桩号、偏差、高程的格式输出。

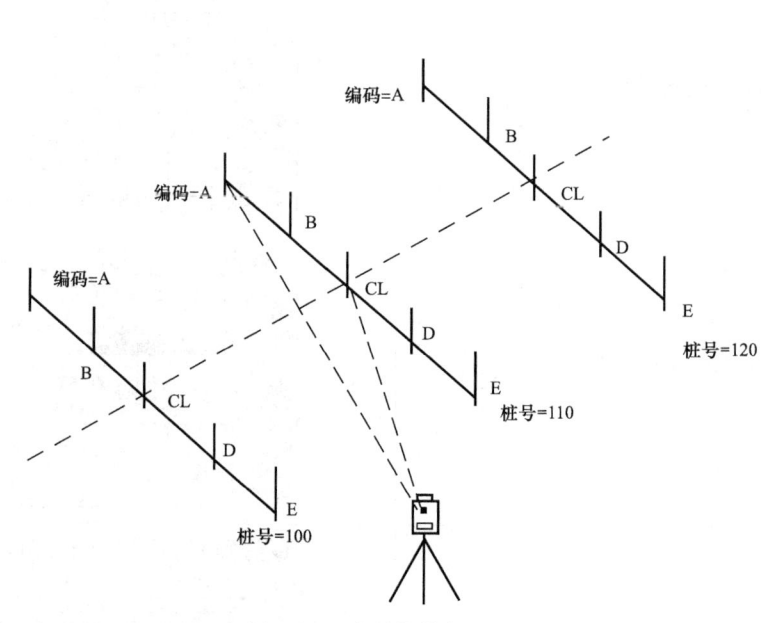

图 3-23　全站仪横断面测量

横断面测量的操作类似于侧视测量。任何一横断面都必须有一条中线，用于计算桩号和偏差。

请先设置好测站点与后视方位角，然后根据表 3-20 的步骤进行操作。

表 3-20　全站仪横断面测量操作步骤

操作步骤	按键	显示
（1）在［记录］菜单中单击［横断面测量］，弹出右图所示对话框；输入中心线的编码和串号，并单击［确定］	［横断面测量］输入中心线的编码和串号	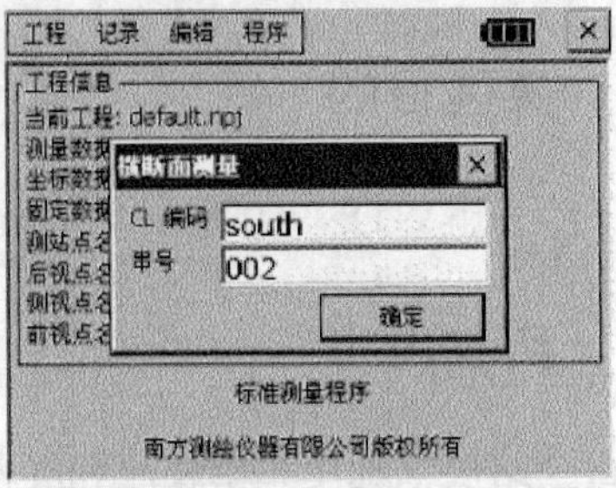 工程　记录　编绘　程序　□　× 工程信息 当前工程：default.npj 测量数据　横断面测量　□　× 坐标数据　CL 编码　south 固定数据　串号　002 测站点名 后视点名　　　　　确定 测视点名 前视点名 标准测量程序 南方测绘仪器有限公司版权所有
（2）开始横断面测量。先测量中心线上的点，输入中心线的编码（这里的编码必须和上一屏幕的编码一样，程序会自动识别这是进行中心线测量）；单击［测量］或按［F1］键进行测量	［测量］	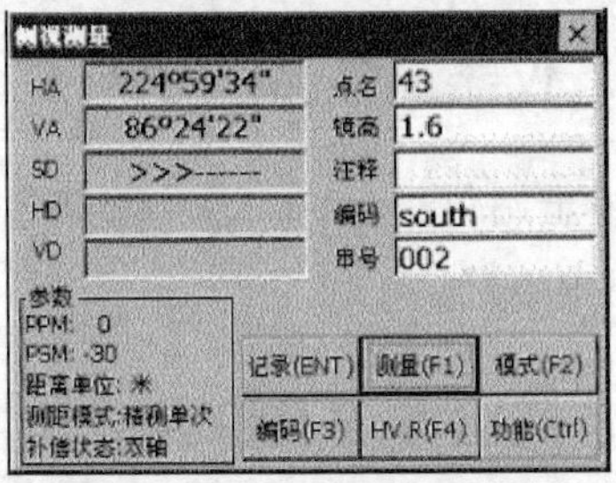 侧视测量　　　　　× HA　224º59'34"　点名　43 VA　86º24'22"　镜高　1.6 SD　>>>------　注样 HD　　　　　编码　south VD　　　　　串号　002 参数 PPM：0 PSM：-30 距离单位：米 测距模式：精测单次　记录(ENT)　测量(F1)　模式(F2) 补偿状态：双轴　编码(F3)　HV.R(F4)　功能(Ctrl)
（3）测量结束，显示中心线上的结果		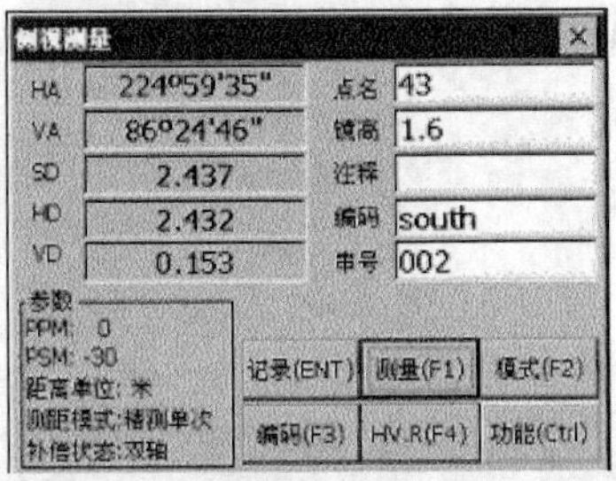 侧视测量　　　　　× HA　224º59'35"　点名　43 VA　86º24'46"　镜高　1.6 SD　2.437　注样 HD　2.432　编码　south VD　0.153　串号　002 参数 PPM：0 PSM：-30 距离单位：米 测距模式：精测单次　记录(ENT)　测量(F1)　模式(F2) 补偿状态：双轴　编码(F3)　HV.R(F4)　功能(Ctrl)
（4）单击［记录］或按［ENT］键记录测量结果	［记录］	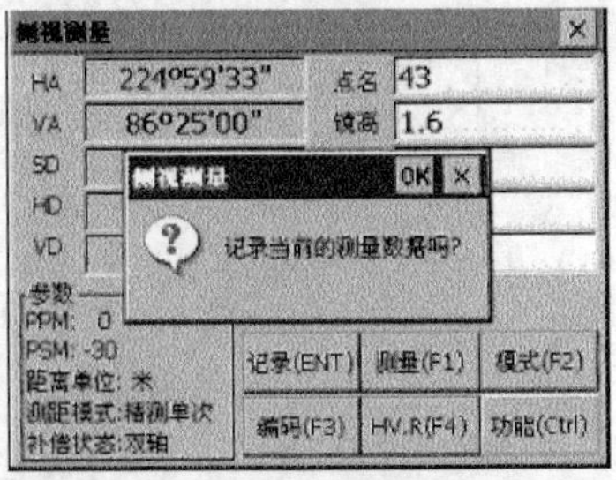 侧视测量　　　　　× HA　224º59'33"　点名　43 VA　86º25'00"　镜高　1.6 SD　测视测量　OK　× HD VD　　? 记录当前的测量数据吗？ 参数 PPM：0 PSM：-30 距离单位：米 测距模式：精测单次　记录(ENT)　测量(F1)　模式(F2) 补偿状态：双轴　编码(F3)　HV.R(F4)　功能(Ctrl)
（5）单击［OK］显示该点的坐标；单击［确定］保存结果	［OK］［确定］	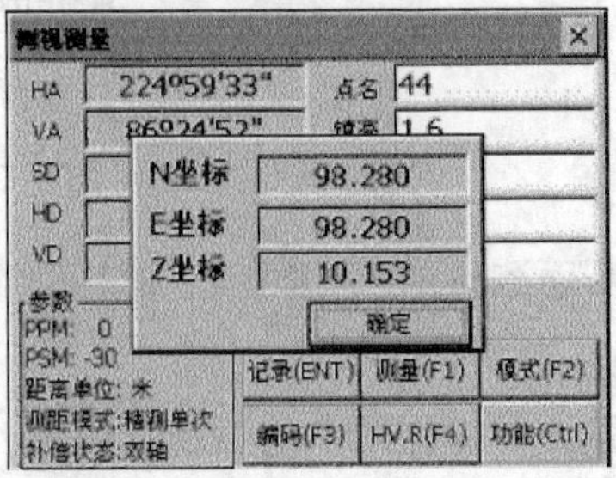 侧视测量　　　　　× HA　224º59'33"　点名　44 VA　86º24'52"　镜高　1.6 SD　N 坐标　98.280 HD　E 坐标　98.280 VD　Z 坐标　10.153 参数　　　　确定 PPM：0 PSM：-30 距离单位：米 测距模式：精测单次　记录(ENT)　测量(F1)　模式(F2) 补偿状态：双轴　编码(F3)　HV.R(F4)　功能(Ctrl)

续表

操作步骤	按键	显示
（6）屏幕返回侧视测量观测屏。输入横断面上每个点的编码，重复步骤（2）~（5）完成该桩号上其他横断面点的测量，并保存结果		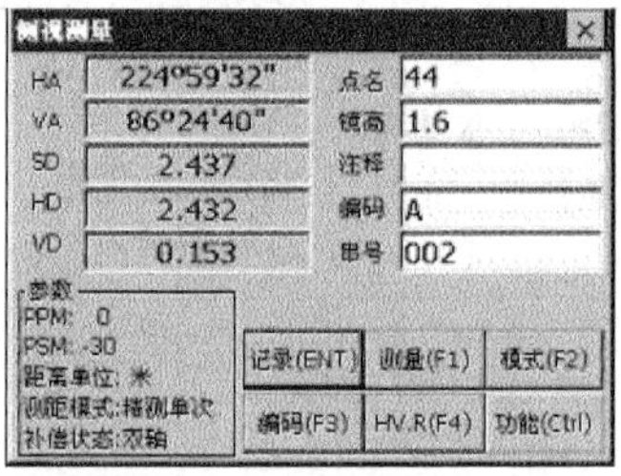
（7）当采集完该桩号上的所有横断面点时，单击侧视测量右上角的 ⊠，弹出如右图所示对话框；输入以上横断面的桩号（第一个横断面的桩号必须手工输入，随后的横断面桩号可以进行计算）		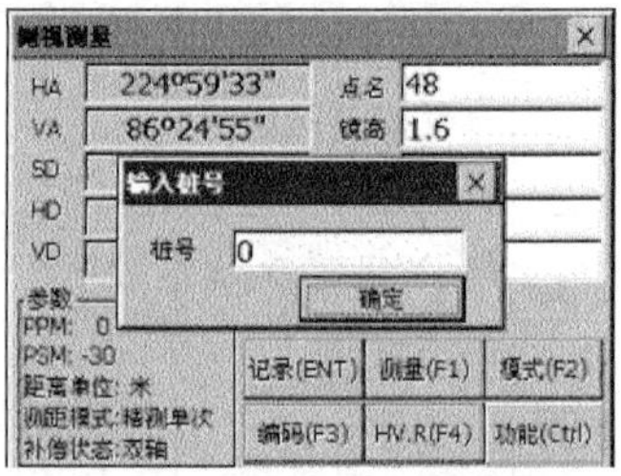
（8）继而弹出中心线编码、串号输入对话框。单击［确定］接收同样的编码，也可输入新的编码；单击"⊠"则退出横断面测量记录功能	［确定］	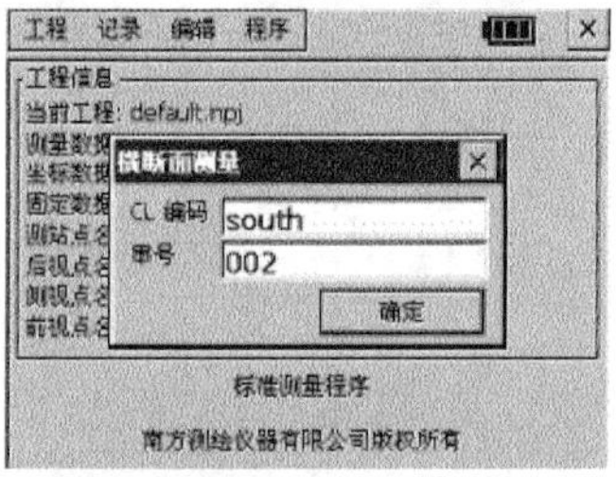
（9）重复步骤（2）~（8）完成其他桩号上的横断面点的测量		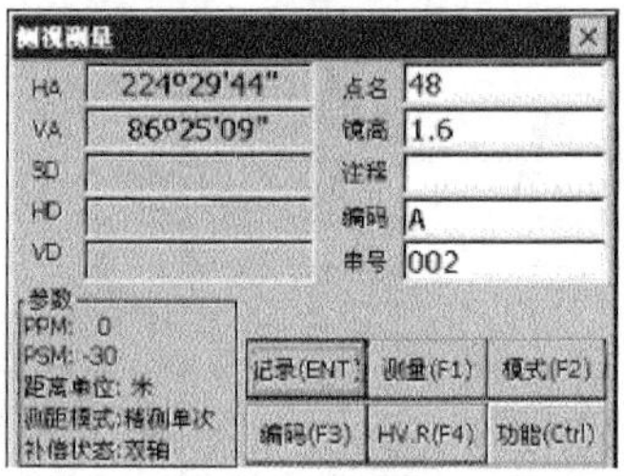

五、注意事项

（1）使用全站仪进行横断面测量时，应认真研读实验教材，听实验老师讲解，弄清操作方法。

（2）若管道工程对横断面图精度要求较高时，可利用测绘大比例尺地形图的方法，绘制横断面图。

（3）每个横断面的最多点数为60。

（4）自动显示的桩号由其测站到中心的平距计算而得。

（5）实验结束交"实验报告"及"横断面测量记录表"（表3-21）各一份。

表 3-21　横断面测量记录表

日期＿＿＿＿＿＿＿＿　　天气＿＿＿＿＿＿＿＿　　仪器＿＿＿＿＿＿＿＿　　班组＿＿＿＿＿＿＿＿

观测者＿＿＿＿＿＿　　记录者＿＿＿＿＿＿　　审核＿＿＿＿＿＿＿＿　　地点＿＿＿＿＿＿＿＿

测站点	后视方位角	棱镜高（m）	横断面桩号	编码	串号	距离			坐标			备注
						SD（m）	HD（m）	VD（m）	N（m）	E（m）	Z（m）	

实验十二　场地抄平

一、实验目的

（1）掌握场地抄平中所使用的方格法。
（2）掌握使用水准仪抄平场地的基本方法。
（3）掌握土方量的计算方法。

二、仪器及备品

水准仪 1 台，大、小三脚架各 1 个，水准尺 1 根，测绳 1 根，铁钉若干，卷尺 1 个，记录板 1 块，记录纸 2 张，计算器 1 个，铅笔，橡皮等。

三、实验方法及步骤

（一）打方格

（1）选一块有起伏的场地作为实习场地（面积约为 40～50m²），各组可以交叉。

（2）在场地的一侧确定起始点 00，最好选在西北角处。第一个字母表示行号，第二个字母表示列号，以行列法表示点的位置。

（3）从起始点 00 向右出发，拉测绳，每 5m 用钉子做一个标志，确定出 0 行边上各方格的顶点。

（4）从起始点 00 向下出发，拉测绳，同样每 5m 做一个标志，这样就确定出 0 列边上各方格的顶点。

（5）根据直角三角形的关系（按"勾三，股四，弦必五"的法则），在 0 行选 30m，在 0 列选 40m，看 40m 的点和 30m 的点之间连线是否被分成 10 份（每 5m 为 1 份），若是，则 00 角是直角（图 3-24）。

（6）按上述方法，确定各条边上方格的顶点，将对应点连成方格。

（二）测出每一方格顶点的高程

将附近水准点的高程引测到 00 点上，置水准仪于场地中央，求出仪器视线高程 $H_{视线高程}$（图 3-25）：

$$H_{视线高程} = H_{起点高程} + a（后视数据）$$

（三）计算各个顶点的高程

把水准尺立于其他方格交点上，取其读数 b_{ij}，便得到方格各点的高程，将其数据记录在表格中：

$$H_{ij}=H_{视线高程}-b_{ij}$$

式中　i——行号；

　　　j——列号。

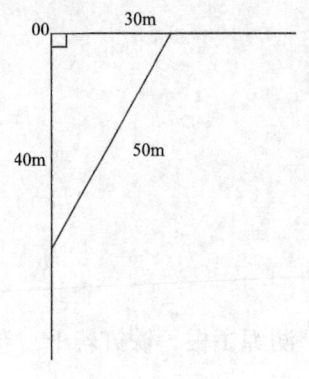

图 3-24　定起点

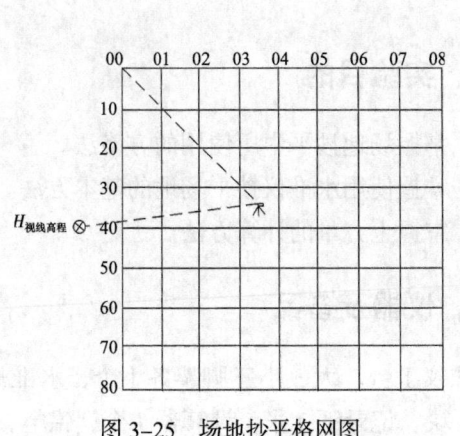

图 3-25　场地抄平格网图

（四）选择等高距勾绘场地等高线

选择等高距勾绘场地等高线，如图 3-26 所示。

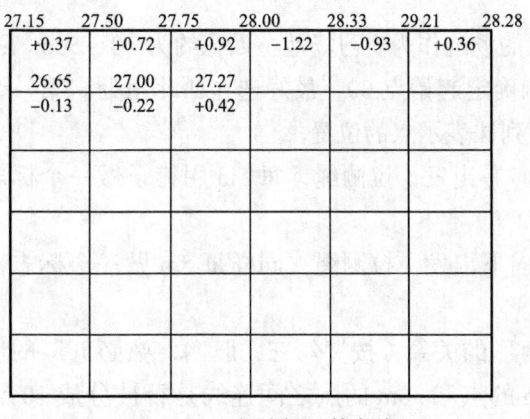

图 3-26　勾绘场地等高线

（五）求设计高程

$$H_{设}=\frac{\sum h_{角}+2\sum h_{边}+3\sum h_{拐}+4\sum h_{中}}{4N}$$

式中　N——方格总个数。

（六）绘制填、挖边界线

求出的 $H_{设}$ 是临界线高程也就是不填也不挖的那些点，把这些点用虚线连起来，形成一条曲线，称为填挖边界线。

（七）求填（挖）高度

$$h_{填挖高度} = H_{顶点高度} - H_{设计高程}$$

计算出的 $h_{填挖高度}$ 有 "＋" 有 "－"。其中，"＋" 表示应挖去的，"－" 表示应填上的。

（八）求填、挖土（石）方量

$$V_{角} = \frac{1}{4} h_i \times S_0$$

$$V_{边} = \frac{2}{4} h_j \times S_0$$

$$V_{拐} = \frac{3}{4} h_k \times S_0$$

$$V_{中} = \frac{4}{4} h_l \times S_0$$

式中　S_0——方格的面积；

h_i——方格角点填（挖）高度；

h_j——方格边点填（挖）高度；

h_k——方格拐点填（挖）高度；

h_l——方格中点填（挖）高度。

（九）求总费用 W

$$V_{总土方量} = \sum_{i=1}^{n} V_{角} + \sum_{j=1}^{n} V_{边} + \sum_{k=1}^{n} V_{拐} + \sum_{l=1}^{n} V_{中}$$

$$W_{总费用} = V_{总土方量} \times C_{单价}$$

式中　C——1m³ 土应付费用。

四、注意事项

（1）方格网按 1∶100 比例尺绘图。

（2）等高距每组根据自己测量的高差来确定。

（3）水准测量读至 mm。

（4）实验结束每组应交场地抄平图一张，附场地抄平（水准测量）记录表和计算表各一份（表 3–22 和表 3–23）。

（5）场地抄平图中留图例和责任表位置，责任表中要填写班级、组别、绘图者、计算者、指导教师、绘图日期等内容。

表 3-22 场地抄平（水准测量）记录表

日期＿＿＿＿＿＿　　　天气＿＿＿＿＿＿　　　仪器＿＿＿＿＿＿　　　班组＿＿＿＿＿＿

观测者＿＿＿＿＿＿　　记录者＿＿＿＿＿＿　　审核＿＿＿＿＿＿　　　地点＿＿＿＿＿＿

测站	顶点编号	水准尺读数			高差		视线高程（m）	高程（m）	备注
		后视（m）	前视（m）	中间视（m）	±	（m）			

表 3-23　场地抄平（水准测量）计算表

日期＿＿＿＿＿＿＿＿　　　天气＿＿＿＿＿＿＿＿　　　仪器＿＿＿＿＿＿＿＿　　　班组＿＿＿＿＿＿＿＿

观测者＿＿＿＿＿＿＿　　　记录者＿＿＿＿＿＿＿　　　审核＿＿＿＿＿＿＿　　　地点＿＿＿＿＿＿＿

顶点编号	$\sum h$				设计高程 $H_{设}$	填（挖）高度	填（挖）土方量	方格面积 S_0	$\sum V$			备注
	$\sum h_{角}$	$\sum h_{边}$	$\sum h_{拐}$	$\sum h_{中}$					$V_{挖}$	$V_{填}$	$V_{总}$	

实验十三　圆曲线测设

一、实验目的

（1）掌握圆曲线主点元素的计算方法。
（2）掌握圆曲线主点的测设方法。
（3）掌握用偏角法进行圆曲线的详细测设。

二、仪器及备品

每组发放经纬仪 1 台，大、小三脚架各 1 个，测钎 1 束，测绳 1 根，卷尺 1 个，花杆 2 根，羊角锤 1 把，记录板 1 块，记录纸 2 张，计算器 1 个，铅笔 1 支，木桩 3～5 个。

三、实验方法及步骤

（一）圆曲线主点测设

在道路圆曲线主点测设之前，需要有标定路线方向的交点（JD）和转点（ZD），在里程桩号为 0+070m 处打一木桩为路线交点 JD_1，然后向两个方向（路线的转折角 β 约等于 120°）延伸 30m 以上，定出两个转点 ZD_1 和 ZD_2，插上测钎，如图 3-27 所示。

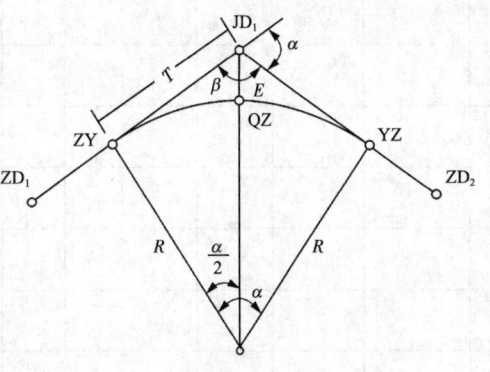

图 3-27　圆曲线的主点测设元素

在 JD_1 点安置经纬仪，从一个测回测定转折角 β 计算路线偏角 $\alpha=180°-\beta$。设计圆曲线半径 $R=50$m，按下列公式计算圆曲线元素（切线长 T，曲线长 L，外矢距 E，切曲差 J），数据填入表格。计算公式为：

$$T = R \tan \frac{\alpha}{2}$$

$$L = R\alpha \frac{\pi}{180°}$$

$$E = R(\sec \frac{\alpha}{2} - 1)$$

$$J = 2T - L$$

用安置于 JD_1 点的经纬仪先瞄准 ZD_1、ZD_2 定出方向，用钢尺在该方向上测设切线长 T，定出圆曲线的起点（直圆点）ZY 和圆曲线的终点（圆直点）YZ，打下木桩，重新测一次，在木桩上标出 ZY 和 YZ 的精确位置。

用经纬仪瞄准 YZ、水平度盘读数置于 $0°00'00''$，照准部旋转 $\beta/2$，定出转折角的分角线方向，用钢尺测设外矢距 E，定出圆曲线中点 QZ。

（二）主点桩号计算

位于道路中线上的曲线主点桩号由交点的桩号推算而得。设交点 JD_1 的桩号为 0+070，根据圆曲线元素，计算曲线主点桩号：

$$ZY\ 桩号 = JD\ 桩号 - T$$

$$QZ\ 桩号 = ZY\ 桩号 + \frac{L}{2}$$

$$YZ\ 桩号 = QZ\ 桩号 + \frac{L}{2}$$

为检验计算是否正确无误，可用切曲差 J 来验算，检验公式为：

$$YZ\ 桩号 = JD\ 桩号 + T - J$$

（三）用偏角法详细测设圆曲线

设圆曲线上里程每 10m 整需要测设里程桩，则 $L_0=10m$，L_1 为曲线上第一个整 10m 桩 P_1 与圆曲线起点 ZY 间的弧长，如图 3-28 所示。

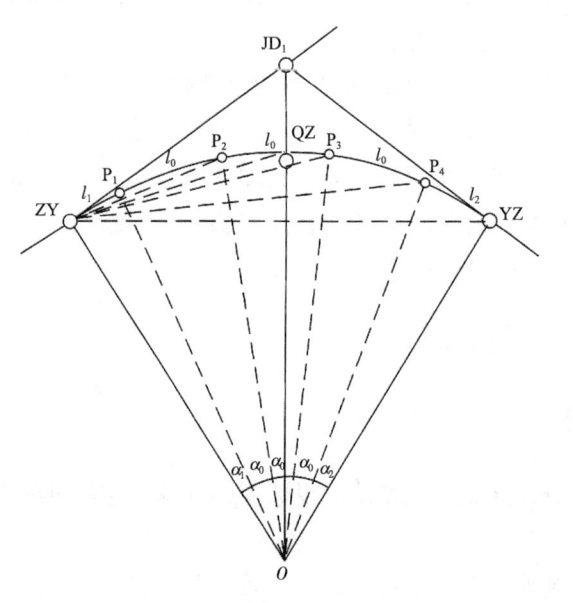

图 3-28　偏角法测设圆曲线

用偏角法详细测设圆曲线，按下式计算。测设 P_1 点的偏角 Δ_1 和以后每增加 10m 弧长的各点的偏角增量 dΔ：

$$\Delta_1 = \frac{L_1}{2R}\rho''$$

$$d\Delta_0 = \frac{L_0}{2R}\rho''$$

$$\rho = \rho_2,\ \rho_3,\ \rho_4,\ \cdots,\ \rho_i$$

点偏角按下式计算：

$$\begin{cases} \Delta_2 = \Delta_1 + d\Delta_0 \\ \Delta_3 = \Delta_1 + 2d\Delta_0 \\ \cdots\cdots\cdots\cdots \\ \Delta_i = \Delta_1 + (i-1)\ d\Delta_0 \end{cases}$$

圆曲线上的弧长 L 与弦长 C 之差（弦弧差）按下式计算：

$$L - C = \delta = \frac{L^3}{24R^2}$$

根据以上公式和算得的曲线主点桩号，计算圆曲线偏角法测设数据。

偏角法详细测设曲线的步骤如下：

（1）安置经纬仪于 ZY 点，照准 JD_1，变换水平度盘位置使读数为 0°00′00″。

（2）顺时针方向转动照准部，使水平度盘读数为 Δ_1，从 ZY 点在经纬仪所指方向上用钢尺测设 C_1，得到 P_1 的位置，用测钎标出。

（3）再顺时针方向转动照准部，使水平度盘读数为 Δ_2，从 P_1 点用钢尺测设弦长 C_0，与经纬仪所指方向相交，得到 P_2 点的位置，也用测钎标出，以 此类推，测设各桩。

（4）测设至圆曲线终点 YZ 可作检核：YZ 的偏角应等于 α_2，从曲线上最后一点量至 YZ 应等于 C_2。如果两者不重合，其闭合差不应超过如下规定：

半径方向（横向）：±0.1m；

切线方向（纵向）：±$\frac{L}{1000}$。

四、注意事项

（1）圆曲线主点测设元素和偏角法测设数据的计算，应经过两人独立计算，校核无误后，方可进行测设。

（2）本项实验占场地较大，仪器用具及备品较多，应及时收拾，防止遗失。

（3）实验结束时，每组应交"圆曲线主点的测设记录表"（表 3-24）和"偏角法测设圆曲线测设数据计算表"（表 3-25）各一张。

表 3-24　圆曲线主点的测设记录表

转折点号_____　　　日期_____　　　观测者_____

仪　器_____　　　班组_____　　　记录者_____

测回	度盘位置	观测站名	水平度盘读数 (° ′ ″)	半测回角值 (° ′ ″)	一测回角值 (° ′ ″)	略图
						转角 α

曲线的元素及主点桩号计算		
曲线半径 R		切曲差 J
切线长 $T = R \tan \dfrac{\alpha}{2}$		起点 ZY 的里程
曲线长 $L = R\alpha \dfrac{\pi}{180}$		中点 QZ 的里程
外矢距 $E = R\left(\sec \dfrac{\alpha}{2} - 1 \right)$		终点 YZ 的里程
备注		

表 3-25　偏角法测设圆曲线测设数据计算表

转折点号＿＿＿＿＿＿＿＿＿　　　日期＿＿＿＿＿＿＿＿＿　　　观测者＿＿＿＿＿＿＿＿＿
仪　　　器＿＿＿＿＿＿＿＿＿　　　班组＿＿＿＿＿＿＿＿＿　　　记录者＿＿＿＿＿＿＿＿＿

曲线桩号	相邻桩点间弧长（m）	偏角值 （° ′ ″）	相邻桩点间弦长（m）

实验十四　建筑物轴线放样

一、实验目的

（1）了解建筑物轴线与建筑群轴线的区别。

（2）掌握建筑物轴线放样的方法与步骤。

二、仪器及备品

每组经纬仪 1 台，大、小三脚架各 1 个，花杆 2 根，木桩若干，测绳 1 根。

三、实验方法及步骤

建筑群轴线是指在进行区域性规划和建设中起控制作用的方向线（如铁路、公路等），而建筑物轴线则为建筑实体外墙的中心线。

（一）直角坐标法

适用于新区开发建设初期，在了解和掌握该区坐标系统的基础上，进行规划和设计，利用设计图纸进行放样（y_a，x_a，m，n 为已知）。

（1）利用已知坐标系统，根据 x、y 轴在地面上确定建筑物顶点 A、B、C、D（图 3-29）。

（2）将经纬仪安置于 y 轴上的 A′ 点，距 O 点距离为 y_a，整平后瞄准 O 点，设置 0°00′00″。

（3）顺时针转动仪器 90°，量 x_a，定出 A 点再量 m，定出 B 点，分别打入木桩。

（4）将仪器安置于 A 点，整平后瞄准 A′ 点，设置为 0°00′00″。

（5）逆时针转 90°，量取 n，定出 D 点。

（6）在 D 点安置仪器，整平后瞄 A 点，设置 0°00′00″，顺时针转 90°，量 m 后定出 C 点。

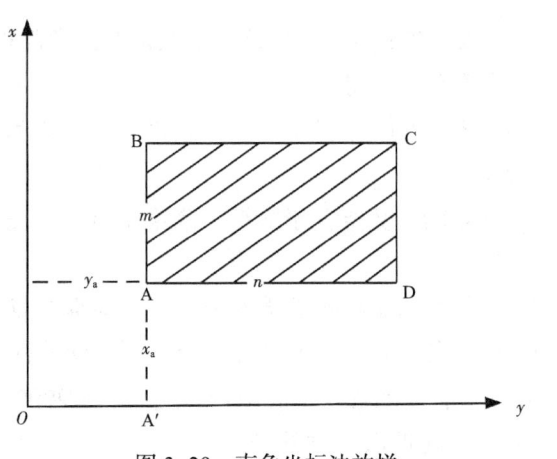

图 3-29　直角坐标法放样

（7）检核。

① 将仪器安置于 B 点，瞄准 A 点设置 0°00′00″后逆时针转 90°，量取 n，定出 C′ 点，当 C′ 与 C 点重合则说明放样正确，否则需酌情返工。也可用分中法确定 C 点。

② 根据对角线相等原理，测量 AC 与 BD 距离是否相等，相对误差应小于 1/2000。

（二）极坐标法

利用导线控制网进行建筑物轴线设计放样时，多采用极坐标法放样（图 3-30）。

1. 计算放样元素

根据坐标反算原理计算：

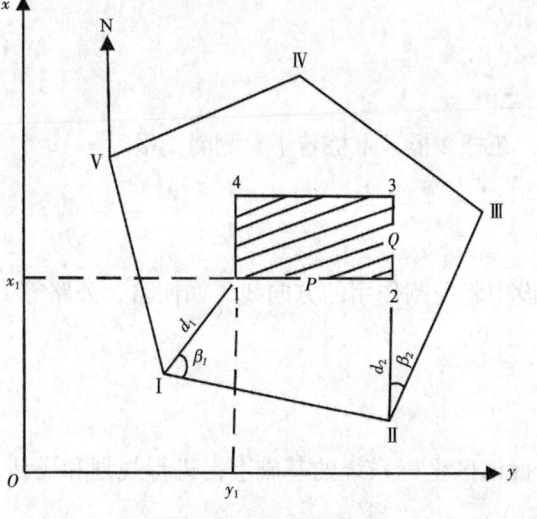

图 3-30　极坐标法放样

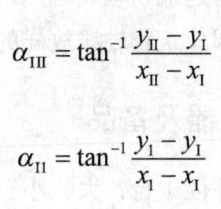

$$\alpha_{\text{III}} = \tan^{-1} \frac{y_{\text{II}} - y_{\text{I}}}{x_{\text{II}} - x_{\text{I}}}$$

$$\alpha_{\text{II}} = \tan^{-1} \frac{y_1 - y_{\text{I}}}{x_1 - x_{\text{I}}}$$

$$\beta_1 = \alpha_{\text{III}} - \alpha_{\text{II}}$$

$$d_1 = \frac{x_1 - x_{\text{I}}}{\cos \alpha_{\text{II}}} = \frac{y_1 - y_{\text{I}}}{\sin \alpha_{\text{II}}}$$

同理，可以计算 β_2、d_2……

2. 放样步骤

（1）将经纬仪置于 I 点，整平后瞄准 II 点，设置 0°00′00″，逆时针方向转动照准部为 β_1 角，然后由 I 点沿视线方向量 d_1 距离，得到 1 点。

（2）在 II 点安置仪器，瞄准 III 点，设置 0°00′00″，逆时针转 β_2 角，并由 II 点沿视线方向量 d_2 距离，得到 2 点。

（3）将仪器置于 1 点，瞄准 2 点，设置 0°00′00″，逆时针转 90°，量 Q 距离，得到 4 点。

（4）将仪器置于 2 点，瞄准 1 点，设置 0°00′00″，顺时针转 90°，量 Q 距离，得到 3 点。

检查：（1）将仪器置于 3 点，瞄准 2 点，设置 0°00′00″，顺时针转 90°，量 P 距离，得出 4′ 点，如 4′ 点与 4 点重合，则说明放样正确，否则需修正或返工；（2）量取 1、3 和 4、2 距离是否相等，相对误差应小于 1/2000。

3. 利用原有建筑物放样

在老区改造或扩建工程中多采用此种方法（图 3-31），放样步骤如下：

（1）在原有建筑物两端向外量取 10m 距离，定为放样参照点 1、2。

（2）将仪器置于 1 点上，盘左瞄准 2 点后，沿视线方向量 20+0.24m 距离定为 3 点，由 3 点沿视线方向再量 60m，即为 4 点。

（3）将仪器置于 3 点上，盘左瞄准 1 点，设置 0°00′00″，顺时针转 90°，沿视线方向量 10+0.24m 距离得到建筑物顶点 A。

（4）将仪器置于 4 点上，盘右瞄准 3 点，设置 0°00′00″，顺时针转 90°，沿视线方向量取 10+0.24m，得到建筑物顶点 B。

（5）将仪器置于 A 点上，盘左瞄准 3 点，设置 0°00′00″，顺时针转 180°，量 100m，得到 C 点。然后再转 90°，检查是否与 B 点重合。否则需改正。

（6）将仪器置于 C 点，盘左瞄准 A 点，设置 0°00′00″，逆时针转 90°，量 60m，即得到 D 点。

以此类推，采用同理方法即可分别得到 E 点、F 点、G 点和 H 点。

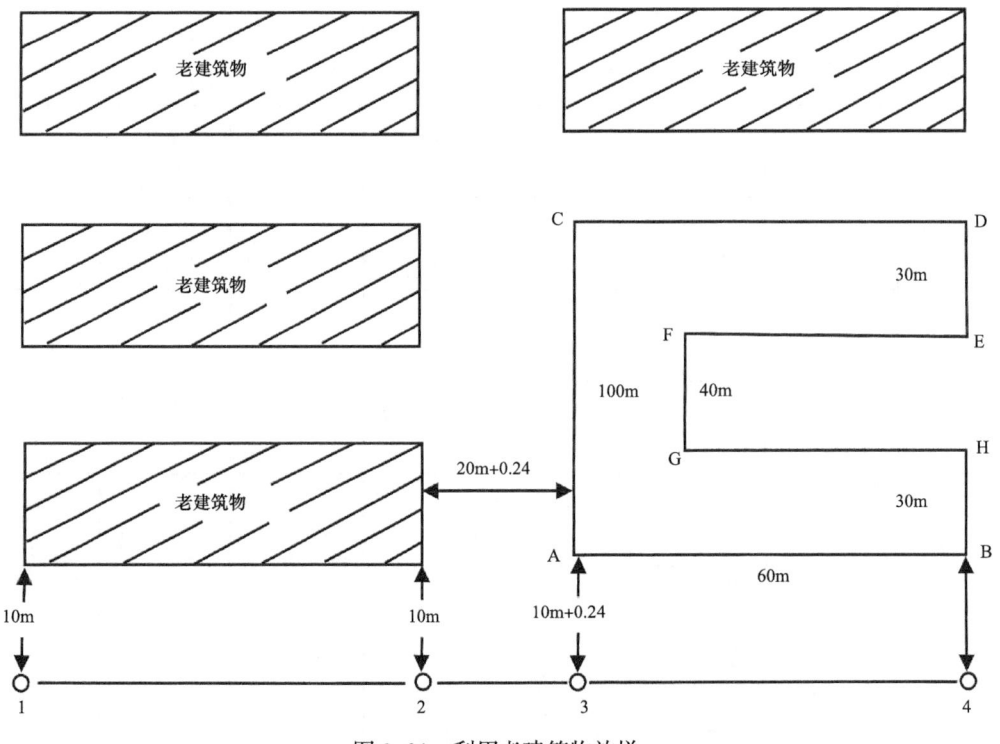

图 3-31　利用老建筑物放样

检查时，由 B 点开始，逆时针方向以盘右位置逐点进行，注意每点的转角和距离是否符合要求。

4. 实验内容及要求

（1）利用本组导线及其坐标，自行设计建筑物线放样图，根据极坐标法计算放样元素，并实地放样。

（2）利用原有建筑物，自行设计，并实地放样。

（3）上交轴线放样设计图。

（4）放样元素计算数据及检核结果记入表 3-26。

表 3-26　建筑物轴线放样记录表

班组 _____　　　日　期 _____　　　观测者 _____
仪器 _____　　　记录者 _____　　　检查者 _____

边名	坐 标 值				水平距离（m）	方位角（° ′ ″）	水平角（° ′ ″）
	x_1（m）	y_1（m）	x_2（m）	y_2（m）			

实验十五　勘探网测量

本项实验由勘探网设计和勘探网施测两大部分组成。

一、实验目的

（1）掌握在图上设计勘探网的方法和勘探点的编号方法，并会计算测设数据。
（2）掌握用极坐标法及角线交会法测设基点及基线端点的方法。
（3）掌握基线端点、基点的检核方法。

二、仪器及备品

每小组领取经纬仪 1 台，三脚架 1 个，视距尺 1 根，花杆 3 根，布卷尺 1 个，木桩若干，测旗若干，计算器 1 个，记录板 1 块，观测手簿、铅笔自备。

三、实验方法及步骤

（一）图上设计

图上设计在本小组测绘的 1 : 2000 的地形图上进行（图 3-32）。在图中选一条基线 MN，在基线 MN 上选一基点 P，P 点既要便于与已知点连测，又要便于安置经纬仪。然后在地形图上布设垂直于基线的勘探线，勘探线距为 1cm（实地 20m），过 P 点的勘探线为零号勘探线，所有在 P 点西边的勘探线均用奇数号表示；东边的勘探线，则用偶数号表示。各勘探线上的勘探点号，在基线以北的用偶数号表示，基线以南的用奇数号表示。各点均用分数形式表示，分子代表点号，分母代表线号。

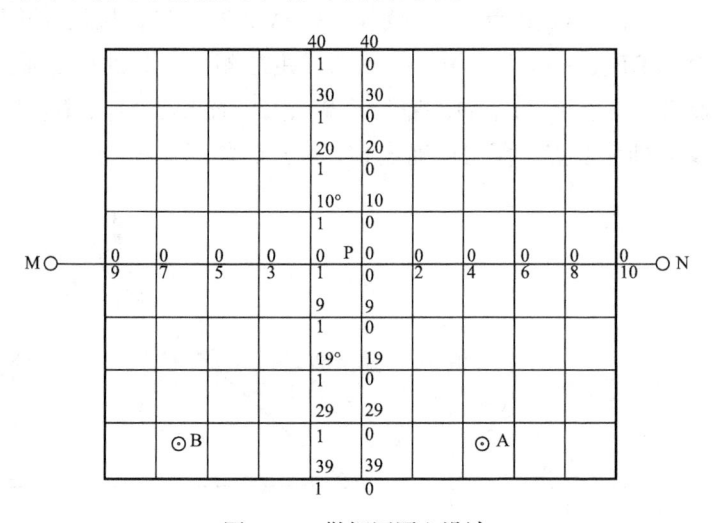

图 3-32　勘探网图上设计

（二）计算测设数据

利用已知点 A、B 的坐标以及图上量取的 M、N、P 三点的坐标，先依公式 $\tan\alpha_{AB}=$ $(Y_B-Y_A)/(X_B-X_A)$ 依次计算出所需的方位角，然后计算出各方向线之间的夹角，按公式

$$D_{AB} = \sqrt{(X_A - X_B)^2 (Y_A - Y_B)^2}$$

计算出所需两点之间的距离。设基线与已知点 A、B 的关系如图 3-33 所示。

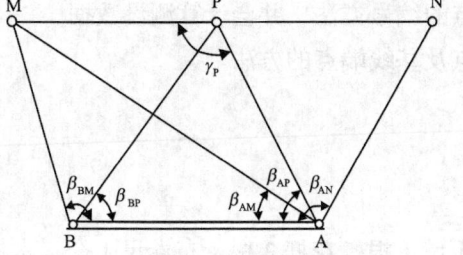

图 3-33　基线与已知点 A、B 的关系

（三）勘探网的施测与检核

1.测设基点及基线两端点

基点的测设方法主要有极坐标法和交会法，可以根据实际情况选定一种方法。

1）极坐标法

将经纬仪安置在一便于架设仪器的已知点上（现以 A 点上架设仪器为例），如图 3-34 所示。正镜照准另一已知点 B 作为零方向，顺时针转动照准部 β_{AP} 角，此时的视线即为 AP 方向线，在此方向线上，用皮尺量出水平距离 D_{AP}，打入木桩，得 P′ 点；倒镜用同样的方法得 P″。理论上 P′P″ 应重合，但因测量误差的存在，它们往往不重合，这时取 P′ 和 P″ 之中点作为 P 点。用同法可确定 M、N 点的位置。此法采用了两个盘位确定 P 点，故又称之为正倒镜分中法。

2）交会法

角线交会法相当于前方交会法。当基点、基线两端点距已知控制点较远、通视条件较差不便于用皮尺量距时，通常采用此法。本法可由一个作业组完成，也可由两个作业组来配合进行。若两组配合进行，则将两台经纬仪分别安置在 A、B 点上；若一组独立完成，则将经纬仪先后安置在 A、B 点上。分别以 B、A 为零方向，按设计角度 β_{BP} 和 β_{AP} 把望远镜固定在 AP 和 BP 方向线上，用正镜（以视距法测距）分别在地面上标出 1、2 和 3、4 等点（通常取 D_{A1} 略小于 D_{AP}，D_{A2} 略大于 D_{AP}，D_{B3} 略小于 D_{BP}，D_{B4} 略大于 D_{BP}），显然这些点的连线交点即为 P 点。同法可确定 M、N 点，如图 3-35 所示。

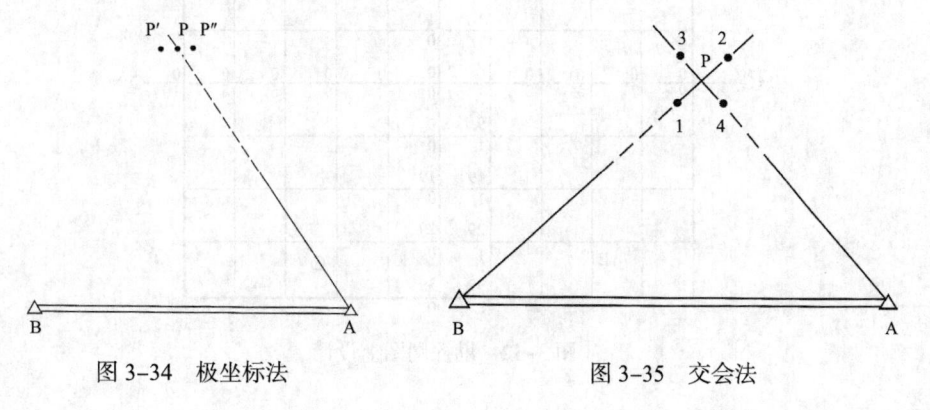

图 3-34　极坐标法　　　　　　　　图 3-35　交会法

以上介绍的方法都是从控制点直接测定 M、N、P 三点。也可以只从控制点测设基点 P，再根据基线与连接边 AP 的夹角 γ_P 放出 M、N 点。

3）后方交会两次定点放样法

此法适合于放样点离已知点较远，且测距不便的情况，但要求在放样点 M 附近区域，至少能与四个已知点通视。其方法为：

（1）根据 M 点的图上设计位置，在实地判读并定出 M 点的大致位置 M′，要求 M′ 至少同四个已知点通视，并便于根据 M′ 来精确测设 M。

（2）利用后方交会测定 M′ 点的坐标。

（3）计算任一个已知方位与 M′M 的水平夹角和水平距离 $D_{M'M}$。

（4）由 M′ 点、β、$D_{M'M}$ 依极坐标测设 M。

2. 检核

M、N、P 点测设到地面后，需检核点位精度。点位精度符合要求后，方可进行勘探线和勘探点的测设。

（1）当 M、N、P 三点均从已知直接测设时，需检核 M、N、P 三点是否在同一条直线上，将经纬仪安置在 P 点，正镜照准 N 点，倒转望远镜，检查 M 点是否在望远镜视线方向上，若不符合规定要求，则需重测。

（2）若是在 P 点设站，利用连接角 γ_P 来放置 M、N 点时，采用后方交会来检核 M、N 点。在被检核点安置经纬仪，选四个和该点通视的已知点做后方交会。后方交会计算出的两组坐标的坐标位移差 e（$e_容$=0.2×Mmm，M 为比例尺分母 2000）。当 e≤$e_容$时，取两组坐标的平均值，作为实地 M 和 N 点的坐标。将实地 M 和 N 点的坐标与图上设计的 M 和 N 点坐标相比较，若坐标位移差 e≤0.4m，则点位合格；反之，则需重测设。

（四）测设勘探线和勘探点（即钻孔位置）

（1）将仪器安置在 P 点上，采用正倒镜分中法在 PM 方向线上，按设计的勘探线线距 20m，在基线上定出 01、03……各点，并插上测旗。同理在 PN 方向线上定出 02、04……各点，插上测旗。

（2）在 01 点上安置经纬仪，正镜照准 M 点，转动照准部 90°，固定照准部，此视线在过 01 点的勘探线上，在此方向线上，按设计的 20m 点距，定出各勘探点的位置，并插上测旗。

（3）将经纬仪依次安置在 02、04……各点上，按（2）法定出全部勘探点的位置，并插上测旗。

（五）上交成果

每小组上交一份勘探网设计图，每人上交一份实验报告。

第四章 工程测量实习

实习一 闭合导线测量及展点

导线测量实习内容包括导线外业测量与内业计算。外业工作主要是踏勘选点、建立标志、量边测角；内业工作主要是数据整理、坐标计算、展点绘图。

导线的布设形式有三种，即闭合导线、附合导线和支导线。

本次实习要求以小组为单位，在 300m×400m 的区域范围内，布设一五边形闭合导线。导线总长度应为 650～700m。备品发放清单见表 4-1。具体工作内容和方法按下列步骤进行。

一、踏勘、选点、埋标

由指导教师带领大家到指定的测区进行踏勘，了解测区范围、控制点情况、地貌特征，以便拟定导线控制点的布设方案。

选点注意事项为：

（1）携带铁桩 5 根、羊角锤 1 把、笔记本和铅笔等。

（2）相邻点间要相互通视，边长为 130～150 m；导线点应设在视野开阔，控制半径较大的地方。同时，还要考虑所选点位便于安置仪器。

（3）确定点位后应埋入铁桩，在铁桩上端缠一圈白胶布，写明班号、组号和点号，如三班二组一号点，可用 3—2—1 表示，并绘出点的略图，在其旁标有明显的记号［图 4-1（a）］。

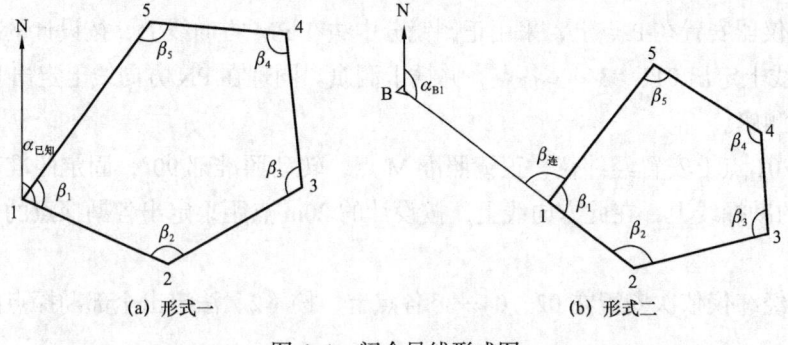

(a) 形式一　　　　　　　　(b) 形式二

图 4-1　闭合导线形式图

二、水平角测量

（1）进行水平角测量前，应准备电子经纬仪 1 套、花杆 2 根、视距尺 1 根、钢卷尺 1 个、记录手簿、铅笔、小刀、测绳和测钎。

（2）水平角观测均按"测回法"进行，对于如图4-1（b）所示的闭合导线还应观测一个连接角 $\beta_{连}$ 和内角 β_i（i=1，2，…，n）。

（3）在测站上安置仪器，用垂球对中，对中误差不超过 5mm。

（4）整平，照准部转到任一位置长水准管气泡偏离中点不超过一格。

（5）目镜调焦，看清十字丝。

（6）在测站点左（A）、右（B）相邻的导线点上竖立花杆，或者在木桩标志上立一测钎。

（7）测角步骤如下：

① 松开望远镜和照准部的制动螺旋，置照准部于盘左位置。通过望远镜准星大致瞄准左目标A。转动望远镜的对光螺旋，使观测目标A在十字丝平面上的成像清晰。然后固紧照准和望远镜的制动螺旋，转动照准部和望远镜的微动螺旋，使目标A某一部分的成像，夹在十字丝的双竖丝中间，或者使目标与十字丝竖丝严格重合。最后，在读数显示屏上读取水平度盘读数 H_r，以 $a_左$ 记入水平角观测手簿中。

② 松开望远镜、照准部的制动螺旋，按顺时针方向转动照准部，用同①的步骤瞄准右边目标B，读取水平度盘读数 H_r，以 $b_左$ 记入手簿中。水平夹角按 $\beta_左=b_左-a_左$ 计算。

③ 松开望远镜的制动螺旋，倒转望远镜，置于盘右位置。松开照准部的制动螺旋，按照①中所述的具体步骤瞄准右边目标B，读得水平度盘读数 $b_右$，记入手簿中。

④ 松开望远镜和照准部的制动螺旋，逆时针方向转动照准部，瞄准左目标A仍按①中方法读取读数 $a_右$，记入手簿中，按 $\beta_右=b_右-a_右$ 计算。最后得水平角 β：

$$\beta = \frac{\beta_左 + \beta_右}{2}$$

⑤ 记录表格（表4-2）。

导线角度测完后，不要急于收测，应就地检查和计算导线的角度闭合差 f_β 是否超限，当 $f_\beta \leqslant f_{\beta容}$ 时（$f_{\beta容} = \pm 40'' \sqrt{n}$）为合格。否则应首先检查角度观测、计算过程是否有误，分析出错的原因，找到根源后组织全组返工，以获得较好的测角精度。

三、测量导线边长

导线边长是指导线两点之间的水平和直线距离 S_i（i=1，2，…，n），测量用测绳或钢尺丈量导线边长。

（1）测绳长度分为 50m 和 100m 两种，每 1m 有一个标记，其零点离把手有一段距离。

（2）为保证丈量导线的边长为直线水平距离，应采用直线定线和平量法进行丈量；直线定线参照本书第三章实验六的方法进行。平量法是在地势起伏变化地段（倾角小于3°时），将测绳一端抬高使之成水平状态进行丈量。然后把各段水平距离相加，便得某一导线边的水平距离。若地势的坡度大，变化无常，可采用斜量法，即把一条导线按不同的坡度分成若干小段分别进行丈量。这样，得到每小段斜距的长度。与此同时，应测量每小段坡度的倾角，然后按 $S = \sum_{i}^{n} S_i \cos \delta_i$ 计算出某边水平距离。

（3）用测绳丈量只能量取到米位，不足 1m 的部分用钢卷尺丈量，取至 mm 位。

（4）丈量边长时应按往测方向、返测方向各丈量一次，将往测方向的总长，记作 $D_{往}$，返测方向的总长记作 $D_{返}$，其相对精度 K 为：

$$K = \frac{D_{往} - D_{返}}{\left(D_{往} + D_{返}\right)/2} \leqslant \frac{1}{2000}$$

（5）每次丈量成果应记入表格中。

（6）丈量边长应先定线后丈量，用花杆定线或经纬仪定线均可，测钎分段。测绳不能打结，应拉平、拉直、用力要平稳。

四、测量高差

采用三角高程法测量高差。

（1）在各导线点上安置经纬仪，对中、整平、量取仪器高 i，量至厘米，将数据记入表格"仪器高"栏目中。

（2）观测竖直角（也可以与水平角观测同时进行）。

将所有制动螺旋松开，使望远镜于盘左位置，转动照准部，使望远镜大致瞄准另一导线点上的目标，如视距尺。固定制动螺旋，转动微动螺旋使中横丝切目标上的某点，如 1.5m，或仪器高 i，记入"标高"栏目中，将竖盘指标水准管气泡居中，或转动竖盘补偿旋钮转至"工作"位置时，读取竖盘读数 $V_{竖}$，以 L 记入垂直角"正读数"栏目中。再松动所有制动螺旋，倒转望远镜，使之成为盘右位置，以上述方法瞄准同一导线点的目标，读取盘右读数 $V_{正}$，以 R 记入相应的"倒读数"栏目中，并读取盘左、盘右时中横丝在视距尺上的读数 $L_{中}$。

按下列公式计算竖直角、指标差及两导线点之间的高差。

竖直角计算公式：

$$\delta_{左} = 90° - L$$

$$\delta_{右} = R - 270°$$

$$\delta = \frac{1}{2}(\delta_{左} + \delta_{右})$$

指标差计算公式：

$$x = \frac{1}{2}(\delta_{右} - \delta_{左})$$

三角高程计算公式：

$$h_i = D\tan\delta + i - L_{中} = ct\cos^2\delta\tan\delta + i - L_{中}$$

（3）高差测量采用双面尺法，每段取其平均值，高差闭合差不得超限。

五、闭合导线计算

每组独立计算闭合导线。根据外业观测成果绘制一份导线略图，将角度、距离和高差等观测值与已知数据填入导线计算成果表中（表4-3）。起始点坐标和高程采用给定数据。

（一）导线计算步骤

（1）制作导线略图。

（2）计算角度闭合差 f_β：

$$f_\beta = \sum_i^n \beta_i - (n-2) \times 180^\circ$$

检核：

$$f_\beta \leqslant f_{\beta容}（f_{\beta容} \leqslant \pm 40'' \sqrt{n}）$$

式中　n——测角个数；

β_i——水平角。

（3）角度闭合差的调整 $V_{\beta i}$：

$$V_{\beta i} = -\frac{f_\beta}{n}（余数按规范要求分配）$$

（4）计算各边方位角 a_i。

按逆时针方向计算各边方位角，根据已知边方位角和连接角，按公式：

$$a_i = a_{i-1} + \beta_{连} \pm 180^\circ + \beta_i + V_{\beta_i}（i=1，2，\cdots，n-1）$$

或

$$a_i = a_{i-1} \pm 180^\circ + \beta_i + V_{\beta_i}　（i=1，2，\cdots，n-1）$$

检查：通过推算得到的最终方位角是否与已知方位角闭合，否则应查找原因重新计算。

（5）计算各边的坐标增量 Δx_i，Δy_i：

$$\Delta x_i = S_i \cos a_i$$

$$\Delta y_i = S_i \sin a_i$$

（6）计算坐标增量闭合差 f_x、f_y 及相对误差：

坐标增量闭合差：

$$f_x = \sum_1^n \Delta x_i$$

$$f_y = \sum_1^n \Delta y_i$$

全长增量闭合差：

$$f_s = \sqrt{f_x^2 + f_y^2}$$

相对误差：

$$k = \frac{f_s}{\sum D}, \quad k \leqslant k_{容} = \frac{1}{2000}, \quad \sum D = \sum_1^n S_i$$

（7）坐标增量闭合差的调整 V_{xi}、V_{yi}：

$$V_{xi} = -\frac{f_x}{\sum D} S_i, \quad V_{yi} = -\frac{f_y}{\sum D} S_i$$

式中　$\sum D$——导线边长总和。

（8）计算导线点的坐标 X_i、Y_i：

$$X_i = X_{i-1} + \Delta x_i + V_{\Delta xi}$$

$$Y_i = Y_{i-1} + \Delta y_i + V_{\Delta yi}$$

检查：计算后已知点的坐标应与给出的已知点坐标绝对闭合。

（二）计算各导线点的高程

（1）计算高差闭合差 f_h 及其分配：

$$f_h = \sum_1^n h_i$$

要求：

$$f_h \leqslant f_{h容} = \pm \frac{0.15D}{\sqrt{n}}$$

式中，D 以千米为单位。

（2）高差闭合差的分配：

$$V_{hi} = -\frac{f_h}{\sum D}S_i$$

式中　$\sum D$——导线边长总和。

（3）计算各点高程：

$$H_i = H_{i-1} + h_i + V_{hi}$$

（三）计算注意事项

（1）数据填写如方位角、观测角、边长、坐标值与观测点的对应关系要绝对准确。

（2）计算中应闭合的数据如方位角、坐标值、高程应绝对闭合。

（3）计算改正值要注意"–"存在及其意义。

六、坐标展点

坐标展点是根据导线计算成果，按照一定的比例尺，利用坐标展点尺或直尺、三棱尺，展绘在平面图上，所需物品见表4-4，步骤如下。

（一）裱糊图板

按要求将图纸和图板裱糊好，注意图面整洁无污渍。

（二）绘制坐标格网

在图纸的中心位置定出一点 O，过该点做两条对角线，以它为圆心，用一长度 $R=25\text{cm}$ 的半径画圆弧，在对角线上可得到四个顶点 A、B、C、D，对应连接四个顶点，得到 $30\text{cm} \times 40\text{cm}$ 矩形（图4-2）。再在矩形的边线上（A→B、A ↘ C、C→D、B→D）每隔 10cm 量取一分点，然后对应相连，可得到 12 个边长为 10cm 的正方形，如图4-3（a）所示。

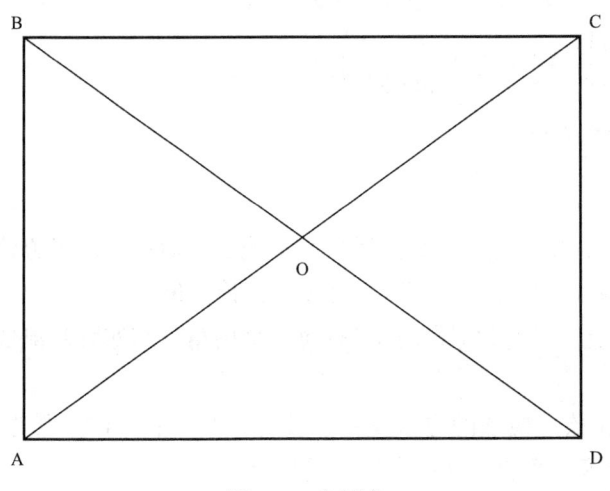

图 4-2　定顶点

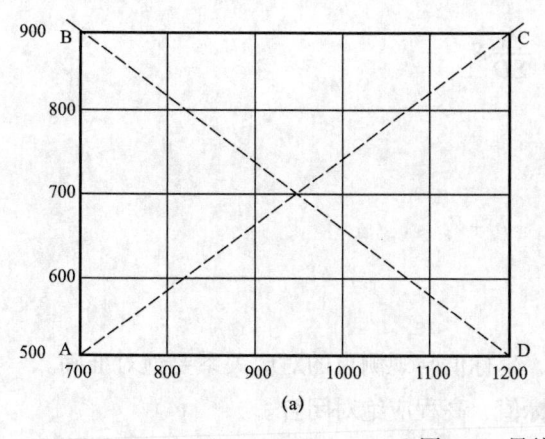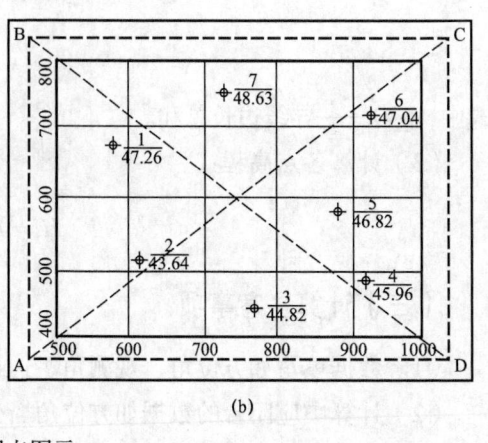

(a)　　　　　　　　　　　　　(b)

图4-3　导线展点图示

要求：正方形图框边长误差不得大于 0.2mm；对角线误差不得大于 0.3mm。

（三）建立坐标系

以图廓的左边线为 x 轴，底边线为 y 轴。建立直角坐标系，按比例尺（1∶1000）注明各点坐标值。注意设计起始点坐标时，应根据导线计算成果数据来确定，原则应小于最小值的 50m 左右。

（四）坐标展点

根据导线计算的坐标数据，将各导线点的具体位置展绘在坐标格网内，如图4-3（b）所示，然后用一 0.2mm 粗的直线将相邻两点连接起来，形成一个闭合的多边形。图内主要图示符号为：

（1）国家控制点用"△"表示。

（2）导线点用"⊗"表示。

（3）在导线点右侧应标明班、组、点号及高程。

如：$\otimes \dfrac{班号—组号—点号}{高程}\left(\otimes \dfrac{1—5—4}{203.67}\right)$。

（五）展点精度检核

检核内容：

（1）方位角检核：将展点后的导线图形与实地图形对比，两者方位是否一致，图面上的方位角是否与实测方位角相同。否则，必须检查计算过程。

（2）导线内角检核：用量角器认真检查每一个内角，与实际观测值对比是否相同，允许误差应小于 0.5°。

（3）导线边长检核：检核的方法是用三棱比例尺（1∶100）量取导线每条边长，按1∶1000 换算后是否等于实测长度；允许误差≤1.0m。

以上三项内容检核无误后，展点工作结束。

表 4-1　测量实习备品发放清单

备品名称	数量	验查（学生）	验收（老师）	备品名称	数量	验查（学生）	验收（老师）
全站仪（脚架、充电器、垂球、电池 2 块）	1 套			白胶布	1 卷		
棱镜（含脚架）	1 套			羊角锤	1 把		
对中杆	1 个			资料夹	1 个		
经纬仪（脚架、充电器、垂球、电池 2 块）	1 套			铅笔	1 支		
花杆	2 根			橡皮	1 块		
测钎	5 根			水准计算四等（4）断面（2）抄平记录（2）抄平计算（2）	5 张		
水准仪（含测微器、脚架）	1 套			导线计算导线测量预习（1）导线测量（2）导线计算（2）	5 张		
水准尺或钢钢尺（3m）	2 根			米格纸（绘图时发放）	2 张		
测绳	1 根			计算器（小组自备）	1 个		
测伞	1 把						
铁桩	5 根						
钢卷尺	1 个						
工具兜	1 个						
尺垫	2 个						

　　注：1. 领备品时各组要认真核对，确认质量和数量均无误后，在"验查"栏内打"√"，并由组长签字，清单返给老师，方可离开；

　　2. 学生上交仪器时，验收老师要认真核对，确认质量和数量均无误后，在"验收"栏内打"√"表示认可，并签字

　　　　　　　　　专业班组

组长签名：＿＿＿＿＿＿＿＿＿　　　　　　　　　验收老师：＿＿＿＿＿＿＿＿＿

　　20　　年　　月　　日　　　　　　　　　　20　　年　　月　　日

表 4-2　水平角测量记录表

日期：　　年　　月　　日　　　地点：　　　　仪器　　　　天气　　　　观测者＿＿＿＿　记录者＿＿＿＿　校核者＿＿＿＿　第　页

线名：

测站	观测点	仪器高	距离			水平角			垂直角			高程差			备注
			观测读数 下/上	视距 正/倒 中数		正/倒读数 (°)(′)(″)	中数 (°)(′)(″)	水平夹角 (°)(′)(″)	正/倒读数 (°)(′)(″)	另点位置 ± (″)	垂直角 (°)(′)(″)	视高差 标差 i-l	高差	平均高差	

表 4-3　闭合导线计算成果表（实习）

学号＿＿＿＿　姓名＿＿＿＿　专业＿＿＿＿　班组＿＿＿＿　日期：　　年　　月　　日

点号	平距 D (m)	水平角 (°)	(′)	(″)	改正值 (″)	方位角 (°)	(′)	(″)	坐标增量				纵坐标 X	横坐标 Y	平均高差 (m)	改正值 (m)	高程 H (m)
									Δx	改正值	Δy	改正值					

辅助计算　$\sum_{i=1}^{5} D =$　$\sum_{i=1}^{5} \beta =$　$f_\beta =$　$V_\beta =$　$f_x =$　$f_y =$　$f_s =$　$K =$　$f_h =$　$V_x =$

表 4-4 绘图物品发放表

专业、班、组	图 板 （1块）	量角器 （1个）	丁字尺 （1把）	三棱尺 （1把）	图 纸 （自备）	备 注

发放教师签字：   20 年 月 日

实习二 地形、地物测绘

地形测绘过程包括图根控制测量、坐标展点、地形测图三个阶段。在实习一中已经完成了图根控制测量、坐标展点，现在我们利用视距法测绘地形和地物，测图比例尺 1∶1000，测图面积 300m×400m，等高距为 1m。

在测定的测图范围内，以各导线点为测站，用极坐标法加密测定一定数量的碎部点（地物点或地貌点），点距一般在 10m 左右，并将这些点的位置和高程数据标注在图纸上，然后用规定的地物符号和等高线，表示出该地区的地物位置及地形起伏情况，即绘成地形（地物）图。

测绘地形地物分选点、观测、记录、计算、绘图等工序。

一、选点

（1）仪器和工具：经纬仪 1 台，大三脚架 1 个，视距尺 1 根，测伞 1 把，图板 1 块（包括图板套），量角器 1 个，三棱尺 1 根，计算器 1 个，大头针 3 个，测量记录表格若干张，铅笔，橡皮等。

（2）将经纬仪安置在导线点上，大致对中，整平。整平时水准管气泡不偏差中心点 2 格即可，仪器高量至厘米。

（3）以盘左定向，瞄准零方向（另一导线点），设置 0°00′ 左右，待测（图 4-4）。

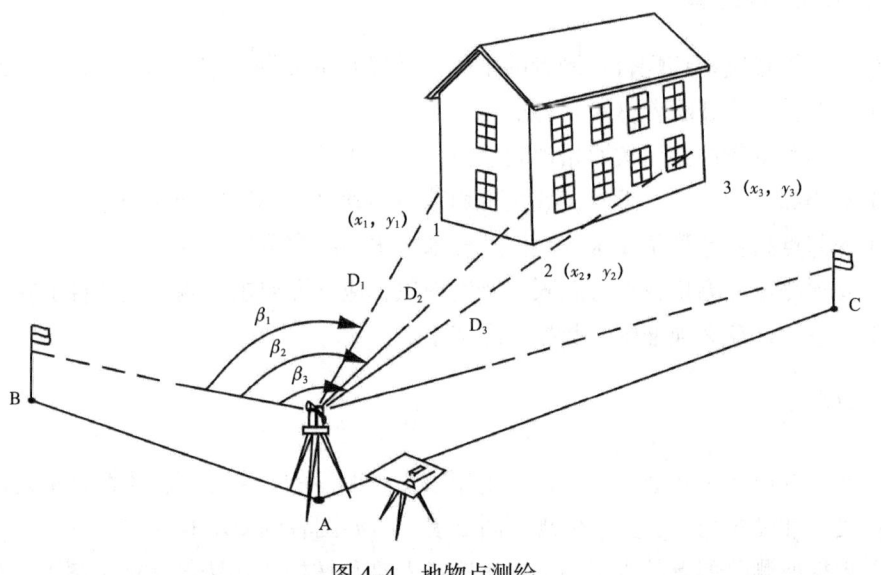

图 4-4 地物点测绘

（4）跑尺员持视距尺选点，选点要求有：

① 地物点应选在地物转折、拐角处，离测站点的距离最大不超过 70m，带状地物其

宽度画在图上如大于 1mm 时（即实宽 2m），需测两边或测一边并量其宽。

② 地貌点应选在方向、坡度变化之处，其距测站最远不超过 70m。

③ 在 1∶1000 比例尺图上，要求相邻两点间的距离不大于 2cm，根据地形情况可酌情减其密度，但在 200cm² 图幅中不得少于 100 个碎部点。

④ 在每个测站上，立尺员应绘选点示意图，以供绘图员参考。

二、观测

当立尺者确定点位后，观测者转动经纬仪，以盘左位置瞄准之。测碎部点的要求有：

（1）用三丝在视距尺上读取读数，读至 mm，水平角读至 5′，竖直角读至 1′。测竖直角时应先使指标水准管气泡居中后再读数。

（2）每测 10～20 个碎部点后，必须检查一次零方向，其差值不得超过 5′，对零方向超过 5′ 的碎部点要重测。

（3）观测者将观测数据及时、准确地报给记录、计算者。要求绘图者适时响应，将成果标定在图板上。观测者还要经常观看图板，了解是否有漏测、重测情况，以便很好组织下步工作。

（4）确定本站附近的地物、地形点确无遗漏，而且给出地物、地形轮廓后，方可转站。为了让实习者通过地形测绘提高操作、计算，勾绘等高线、认识地形空间能力，做到一站工作完成后，所有工种轮换，并将自己的工作成果记入测量实习报告中。

三、记录与计算

记录、计算者应密切配合观测者的工作，做好测量数据的记录和计算，并将计算结果准确、迅速地转报给绘图者，对其要求：

（1）一切测量数据必须按原始观测值记录于表中。

（2）测碎部点时，上、下丝读数之平均数与中丝之差不得大于 6mm。

（3）碎部点高程计算至厘米，注记至分米，水平距离取至分米。

（4）发现测量者测量数据有超限、错测现象，应立即要求重测，直到合乎要求为止。

（5）记录、计算必须准确、数据清晰工整。

四、绘图

地形测绘的成果主要通过地形图表现出来。绘图者的任务在于把本测区的地形、地物形态以精美、准确的线条、数字体现在图纸上。对绘图者的要求有：

（1）根据所测碎部点的水平角、水平距离及高程按极坐标法将点标于图上，并注记高程，以高程数字的小数点代替碎部点位置。高程在图上注记至分米。

（2）高程注记数字，其字头一律向北，字体不大于 2mm。

（3）勾绘等高线在现场进行，测一块绘一块，地物应即时用规定符号标出。

（4）绘图时应注意经常对照实际，检查所测之点是否准确。

（5）注意图面的整洁美观。

五、检查

为了保证测图的质量，必须对所测图进行检查，以验证是否合乎精度要求。野外检查方法及限差如下。

（一）散点法

在图幅范围内选择主要测站重新测定其周围的碎部点，以检查所绘的图是否正确。要求平面位置不超过 0.5mm，主要地物不超过 0.3mm。高程视坡度而定：

（1）坡度为 0°～7° 不超过等高线间距的 1/4；

（2）7°～14° 不超过等高线间距的 1/2；

（3）14°～20° 不超过等高线间距的 3/4；

（4）在地形复杂地区可按上述标准放宽一倍。

（二）断面法

（1）在测图范围内选定两测图控制点，用经纬仪实测该两点间地形变化点的水平距离和高差。

（2）用所测成果绘制一断面图，为突出地形的变化，可使高程比例尺、水平比例尺放大 5～10 倍，绘出实测断面。

（3）在所测地形图上，对于相应的两测站点。根据等高线可给出一断面图，与实测断面图相比较，其限差同散点法。

六、拼图

当所测图经检查合乎要求后，相邻小组的图幅即可进行拼接。

七、图幅清绘和整饰

图幅清绘要求用 2H 铅笔，内容和要求如下：

（1）图廓。以原有的格网边线为内图廓，线粗 0.2mm。在其外 1cm 处加饰一条图廓线，线粗 0.5mm。

（2）图头字、比例尺。图头字在上图廓线上方，距外图廓线 2.0cm，字体以宋、隶为主。大小规格为 3cm×4cm 或 4cm×5cm。比例尺应标注在图头字与图廓线之间的中央位置。用数字或线段形式注记均可。

（3）坐标值标注。在内外图廓线之间，每隔 10cm 处画一短线，在短线旁注记坐标值，*X* 轴注记在短线的上方，*Y* 轴注记在短线的右侧。

（4）图内导线电用符号 $\otimes$ 表示，国家控制点用 Δ 表示，点与点之间用 0.2mm 粗的直线连接。在导线点右侧标注班、组、点号及高程。

（5）图内地物符号，按统一标准规范注记；等高线按 1.0m 等高距勾绘，线粗 0.2mm。每 10.0m 勾绘一条计曲线，高程数据标注在计曲线上。计曲线线粗为 0.5mm。

（6）图内所有汉字用宋体书写，阿拉伯数字用制图字体注记，字头朝北，整洁美观，大小适中。在起始边要标明北方向，用符号"↑"表示，符号"↑"线粗 0.2mm，长度为 5cm，在"↑"上方用 N 注记。

（7）绘制责任表。责任表是内外业工作者概况的一个综合反映，在某种意义上讲，具有法律效应，为此必须如实填写。责任表的主要内容有：单位（院系）、专业、班组、组长、组员、绘图、计算、指导教师、测图日期等。

（8）要求清绘完成后，整个图面清洁美观、字体工整、线条均匀流畅、层次分明，让人有赏心悦目、爱不释手之感。

实习三　纵断面测量及制图

一、实习目的

（1）掌握纵、横断面水准测量的方法。

（2）掌握纵、横断面图的绘制。

二、仪器及备品

水准仪 1 台，大三脚架 1 个，水准尺 2 根，测绳 1 根，木桩数个，羊角锤 1 把，记录板 1 块，铅笔，记录纸 2 张。

三、实习方法及步骤

（1）选定一条 300m 左右长的路线，每 10m 打一高程桩，并在地面坡度变化处打上加桩，里程桩编号由 0+000 开始。

（2）仪器安置在已知水准点 A 和 0+000 之间，引测得出视线高程（$H_{视}=H_{已知}+a$），如图 4-5 所示。

（3）利用已知点高程和视线高程求出前视转点 B 的高程，根据图 4-5 可以看出：

$$转点高程（H_B）= 视线高程（H_{视}）- 前视读数（b）$$

（4）开始逐点施测在 AB 扇区内各点的高程，如图 4-6 所示，虚线部分。在此范围外需搬站。

$$H_{中点桩}=H_{视}-中视读数$$

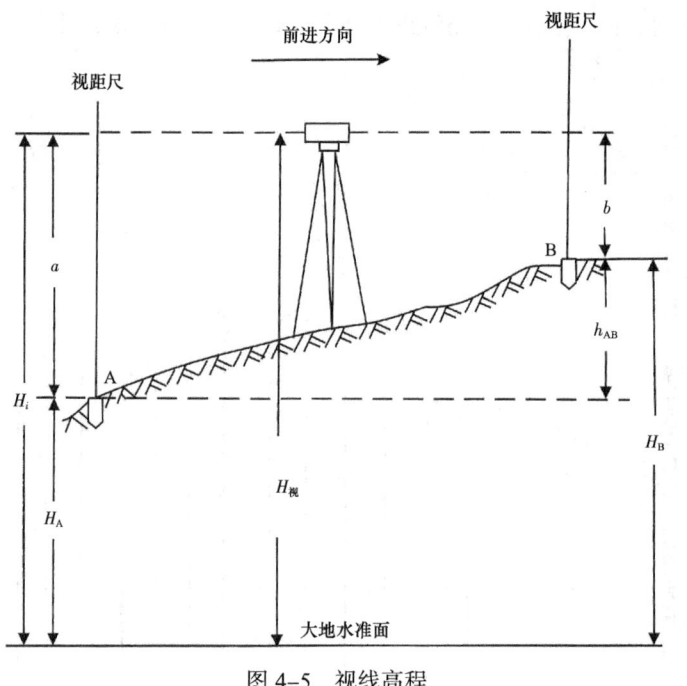

图 4-5　视线高程

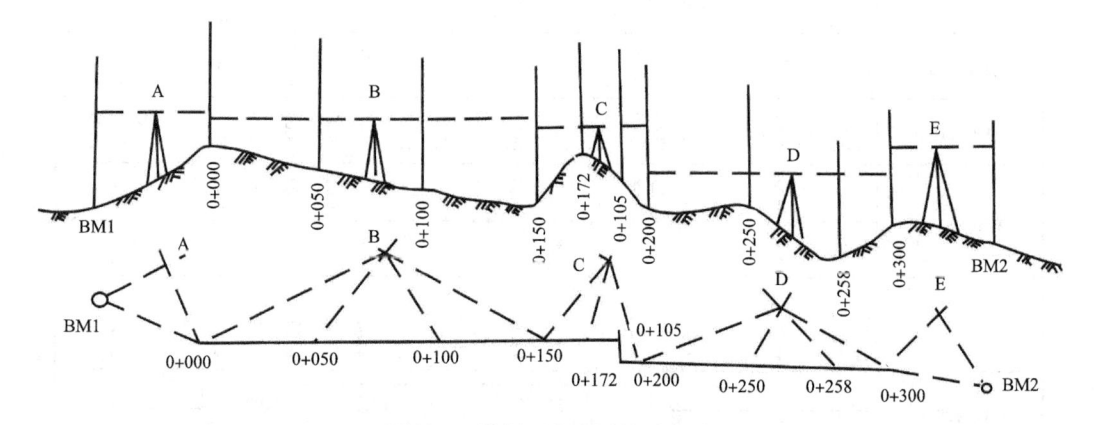

图 4-6　纵断面水准测量示意图

（5）搬站时，B 点成已知水准点高程，变成后视尺，前视转点为 C，同样先求出 $H_{视}$，再求出 H_C，最后求出 BC 扇区的各点中视读数，以此类推，还可以求出 CD、DE 区域内各点中视读数。

（6）采用往返测，往返测高差闭合差应小于 $\pm 8\sqrt{n}$ mm（n 为测站数），超限重测。

（7）进行高差闭合差的调整并计算各点高程。

（8）选择一里程桩，在垂直于线路方向上左右各 10m 内的地面坡度变化点钉上木桩，并实量各桩与该里程桩的距离。

（9）纵断面图的绘制。纵断面比例尺水平距离为 1∶1000，高程为 1∶100。

（10）土木专业每组绘制"道路纵断面图"（图 4-7）各一张，并附"纵断面水准测量记录表"（表 4-5）一张。

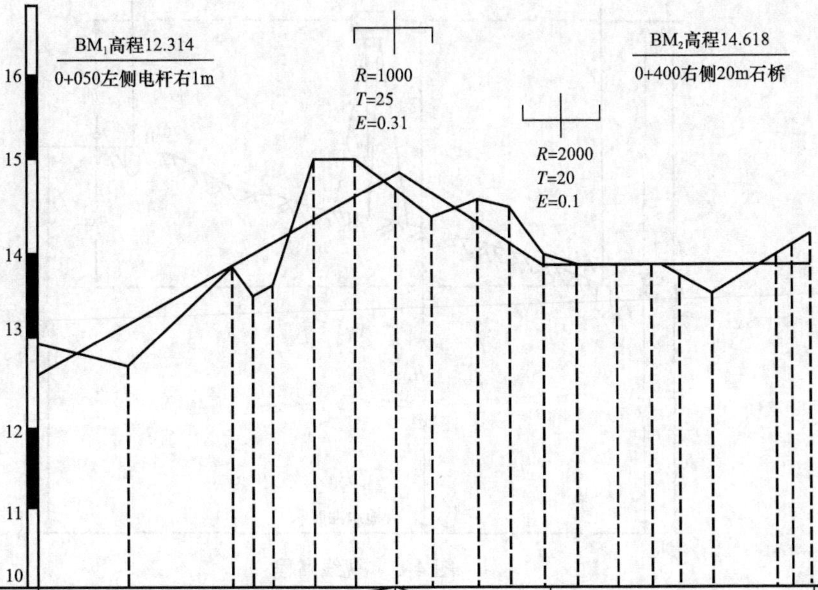

BM₁高程12.314　0+050左侧电杆右1m

R=1000　T=25　E=0.31

R=2000　T=20　E=0.1

BM₂高程14.618　0+400右侧20m石桥

坡度与距离	1.40 / 180										80	1.25	0 / 140							
设计高程	12.50	13.20	13.90	14.01	14.18	14.46	14.74	15.02	14.77	14.51	14.27	14.02	14.02	14.02	14.02	14.02	14.02	14.02	14.02	14.02
地面高程	12.89	12.61	13.89	13.48	13.60	15.16	15.14	14.84	14.46	14.65	14.60	14.08	14.01	14.00	13.99	13.79	13.59	14.32	14.37	14.33
填挖土 填		0.59	0.01	0.53	0.58			0.18	0.31				0.01	0.02	0.03	0.23	0.43			
填挖土 挖	0.39					0.70	0.40			0.14	0.33	0.06						0.30	0.35	0.31
桩号	0+000	+0.50	+100	+108	+120	+140	+160	+180	+200	+221	+241	+260	+280	+300	+320	+335	+350	+384	+391	+400
直线与曲线					$JD_1 0+221.70$　$T=113.78$			$\alpha=10°50'$（右）　$I=226.90$				$R=1200$　$E=5.39$								

班组		绘图者	
指导教师		小组成员	
绘图日期		计算者	

图 4-7　道路纵断面图

（11）储运专业每组绘制"输油管道纵断面图"（图 4-8）各一张，并附"纵断面水准测量记录表"（表 4-5）一张。

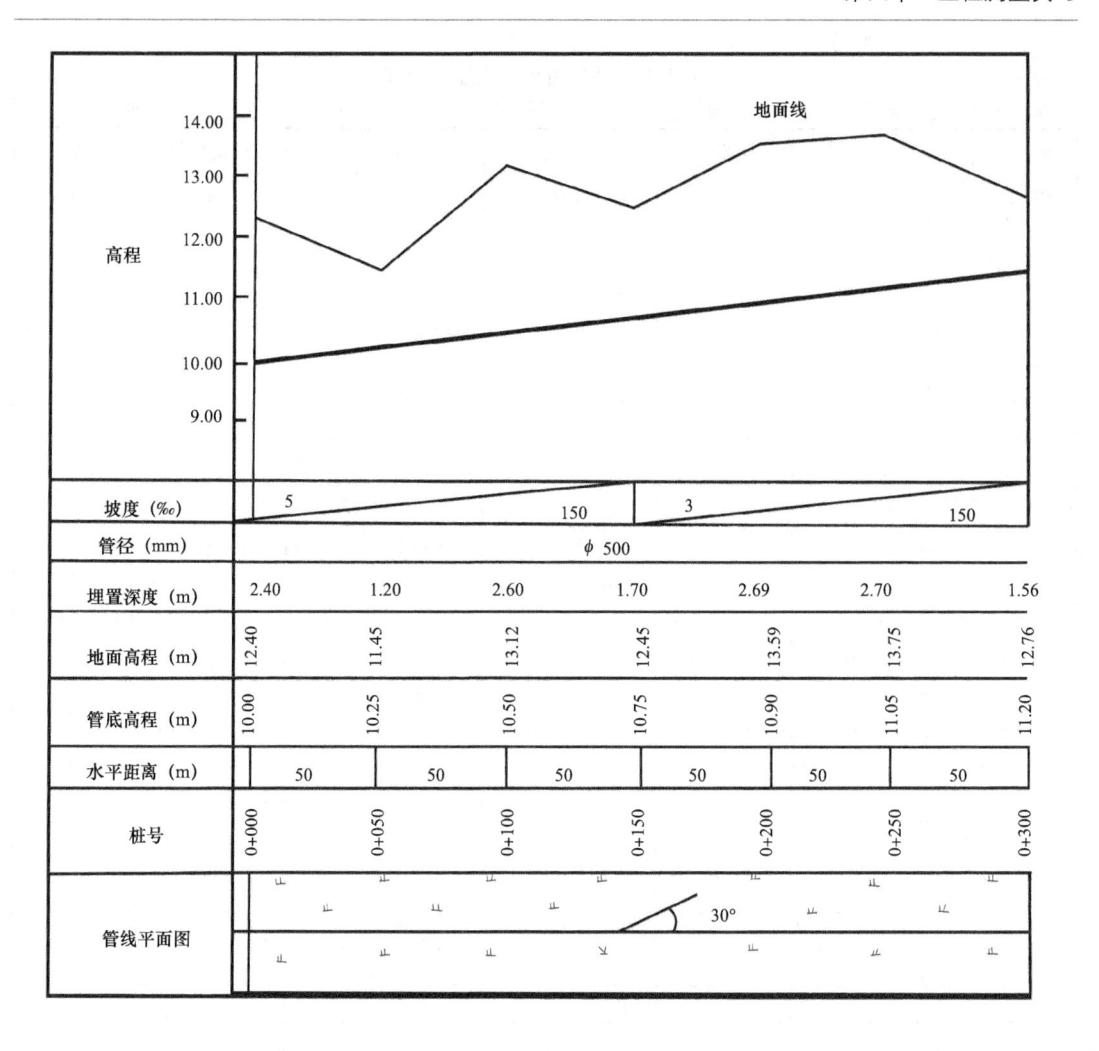

坡度（‰）	5		150	3		150
管径（mm）			ϕ 500			
埋置深度（m）	2.40	1.20	2.60	1.70	2.69	2.70	1.56
地面高程（m）	12.40	11.45	13.12	12.45	13.59	13.75	12.76
管底高程（m）	10.00	10.25	10.50	10.75	10.90	11.05	11.20
水平距离（m）	50	50	50	50	50	50
桩号	0+000	0+050	0+100	0+150	0+200	0+250	0+300
管线平面图				30°		

班组		绘图者	
指导教师		小组成员	
绘图日期		计算者	

图 4-8　输油管道纵断面图

四、注意事项

（1）水准仪的设站尽量在线路一侧，并尽量安置在两个里程桩中间，以减少搬站次数。

（2）中视读数因无检核，所以读数与计算时，要认真细致，防止出错。

（3）纵断面图右下角留责任栏位置，其中有班级、组别、绘图者、计算者、指导教师、绘图日期等内容。

表 4-5　纵断面水准测量记录表

仪器＿＿＿＿＿＿　天气＿＿＿＿＿＿　班组＿＿＿＿＿＿　观测者＿＿＿＿＿＿　记录者＿＿＿＿＿＿　日期＿＿＿＿＿＿

测站	桩号	水准尺读数			高差		视线高程	高程
		后视	前视	中间视	±	（m）	（m）	（m）

实习四　地质剖面测量

绘制地形剖面图是野外勘探测量工作中经常需要做的工作。剖面图是地质断面图的底图，是提供工程设计和进行储量计算的主要依据。

通过本实验可使同学掌握野外实习测量剖面图的全过程，为以后的工作打下基础。

一、实习目的

（1）了解地形剖面测量的作用、程序和方法。

（2）掌握地形剖面测量的实测步骤及作图方法。

二、仪器及备品

每组电子经纬仪 1 台、三脚架 1 个、卷尺、测绳、花杆、铁桩、图版、记录板、计算器、铅笔、橡皮、三角板、量角器、米格纸、三棱尺等。

三、实习方法及步骤

（一）现场布设

选择要测量的剖面，确定剖面线的两端及周围控制点的已知坐标，如图 4-9 所示 C、D、M、N 点。

（二）剖面定线

（1）计算测设数据。根据剖面线端点 A、B 的坐标与已知点 N、C 的坐标计算出 α_{NA}、L_{NA} 和 α_{CB}、L_{CB}，再计算出夹角 β_N 和 β_C。根据 A、B 两点的坐标反算剖面线 AB 的方位角 α_{AB} 和 α_{BA}。其中：

$$\alpha_{NA} = \arctan \frac{y_A - y_N}{x_A - x_N}, \quad \alpha_{CB} = \arctan \frac{y_B - y_C}{x_B - x_C}$$

$$L_{NA} = \sqrt{\Delta x_{NA}^2 + \Delta y_{NA}^2}, \quad L_{CB} = \sqrt{\Delta x_{CB}^2 + \Delta y_{CB}^2}$$

$$\beta_N = \alpha_{NA} - \alpha_{MN} - 180°$$

$$\beta_C = \alpha_{CB} - \alpha_{DC} - 180°$$

（2）标定剖面线端点。在 N、C 点上安置仪器，分别后视 M、D 点，放样出 β_N 和 β_C 角，以及长度 L_{NA} 和 L_{CB}，在地面定出 A、B 两点，定铁桩，在桩顶缠上胶布，画十字做好标记。

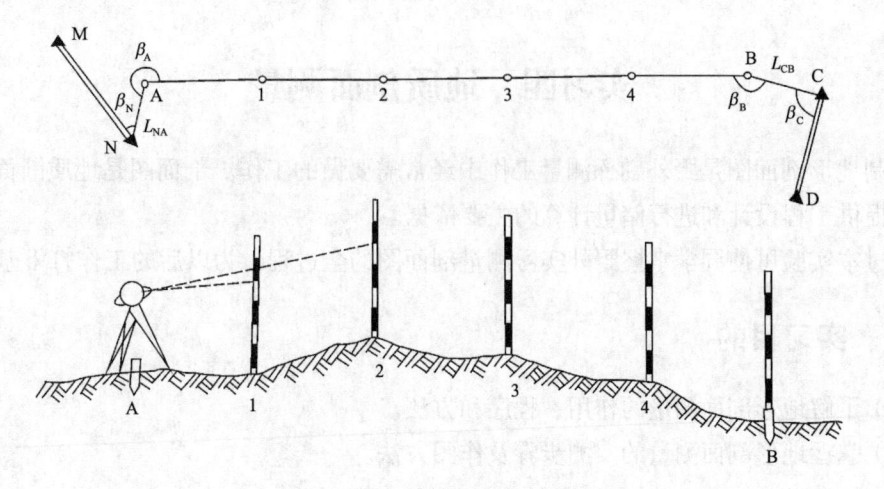

图 4-9 地质剖面布设和测量

（三）剖面测量

（1）将仪器安置在剖面线端点 A 上，后视 N 点，在水平度盘上放样出 β_1 角，此时，望远镜视准轴方向即为剖面线方向。

（2）沿剖面线用视距测量方法测出地形坡度变化点、地质工程点、地物点、地质点的水平距离和高程，最后定出第 2 个测站点 1，钉铁桩，测竖直角并用钢尺量距。

（3）在第 2 个测站点安置仪器，后视 A 点，纵转望远镜，再继续测出各种特征点的水平距离和高程，直至 B 点。

（四）绘图

（1）在米格纸上选定一水平线作为横坐标轴，根据各点间的平距，按规定比例尺标出各点。

（2）在各点上做垂线，按各点的高程在垂线上定出各剖面点的位置（比例尺同水平距离相同）。

（3）用光滑的曲线依次连接各剖面点，即得剖面图。

（4）在剖面图下方绘出相应的平面图，如图 4-10 所示。

四、注意事项

（1）测图比例尺可根据需要自行选定。

（2）剖面线上控制点间距离见表 4-6。

（3）经纬仪必须经过检校后才能使用。

（4）从剖面线的一端点测到另一端点时，需要注意检查水平距离和高差与已知数据是否相符。

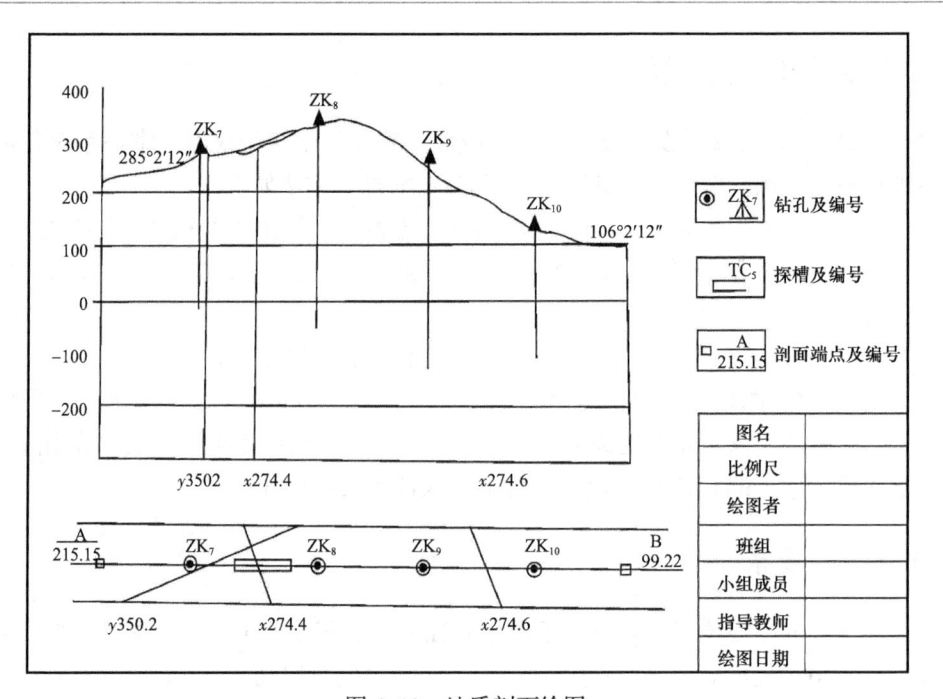

图 4-10　地质剖面绘图

表 4-6　控制点间距与比例尺关系

剖面图模比例尺	1∶500	1∶1000	1∶2000	1∶5000
距离（m）	100	200	350	500

实习五　GPS-RTK 碎部测量与放样

一、实习目的

（1）了解 GPS-RTK 系统组成与作业过程。
（2）了解利用 GPS-RTK 系统进行碎部测量的方法。
（3）了解利用 GPS-RTK 系统进行放样的方法。

二、仪器及备品

每组发放参考站和流动站两部分器材。参考站器材包括：双频 RTK-GPS 接收机套件，数据发送电台套件，电源。流动站器材包括：双频 RTK-GPS 接收机套件，数据接收电台套件，电源，背包，手持控制器，对中杆。

三、实习方法及步骤

GPS-RTK 系统的仪器设备较多，首先应在老师介绍下认识仪器，掌握系统各部件的电路连接和使用方法。然后开始进行 RTK 测量与放样，方法如下：

（1）在参考站上安置 GPS 接收机，将天线、电源、手持遥控器和电台与接收机连接。

（2）通过手持控制器进行 RTK 相关设置后输入参考站、已知坐标和天线高，启动参考站接收机。

（3）将流动站 GPS 接收机与天线、电台、电源、控制器等正确连接。

（4）进行 RTK 测量初始化，初始化可以采用静态、GTF（运动中初始化）两种方法。初始化时间长短与距参考站的距离有关，两者距离越近，初始化越快。推荐采用静态初始化，初始化成功后，RTK 启动完成，即可进行 RTK 测量与放样。

四、精度要求

（1）检验点的平面位置误差不大于图上 0.2mm，高程误差不大于基本等高距的 1/5。

（2）参考站接收机对中误差不大于 5mm，天线高的量取精确至 1mm。

五、注意事项

（1）参考站应选择地势较高的控制点，周围无高度角超过 15° 的障碍物和强烈干扰卫星信号或反射卫星信号的物体。

（2）正确输入参考站的相关数据，包括点名、坐标、高差、天线高等。

（3）流动站初始化应在比较开阔的地点进行。

第五章 实习场地

秦皇岛实习场地介绍

"一一三高地"定为野外测量实习区，它位于秦皇岛市西北约15km处的草帽山麓，即东经119°29′15″~119°30′00″，北纬40°02′28″~40°02′55″，面积约1km²。从地形图上看恰似草帽带一样与主体山峰相连。整个区域由两个山头组成，山势低缓呈椭圆状，山脊线明显，走向为NE145°。地形完整，鞍部发育明显，山上地物稀少，多为低矮草科植被，通视条件甚好。主体山头高程为113.0m，"一一三高地"由此得名。

实习区东北坡度稍陡，坡下及平坦地带有农作物，山间土道车辆可行。西南坡下有一村宅——三义庄，村周围种有农作物和果林，东南山脚下有采石场。

本场地对于地形测绘、水准测量、断面测量及场地抄平等诸多内容的测量实习均为比较理想的实习场地。实习中采用的坐标和高程均为临时假定。测区划分以班组为单位，具体范围以实地指定为准。

实习场地距学校分院校区约25~30km，但交通方便、道路通畅，正常情况下乘车约半个小时即可到达（图5-1）。图中阴影部分即为野外工程测量实习场地。

校内实习场地介绍

工程测量校内实习场地位于东北石油大学校园中部，由图书馆门前广场和人工湖周边两个区域组成，北面紧邻第二教学楼，南面是正门口，西侧是学生公寓，东侧是教学区域。具体位置如图5-2中阴影部分所示。该实习场地占地面积约3km²，地形以平原低缓地势为主，且多由水泥路面和草坪、花坛组成。因该实习场地受树木遮挡视线、建筑物较多等客观因素限制，通视条件较差，大多在此进行地形测绘、水准测量、闭合导线测量等实习工作；另外，因该实习场地地势较为平缓，并不适合进行断面测量及场地抄平实验实习工作。

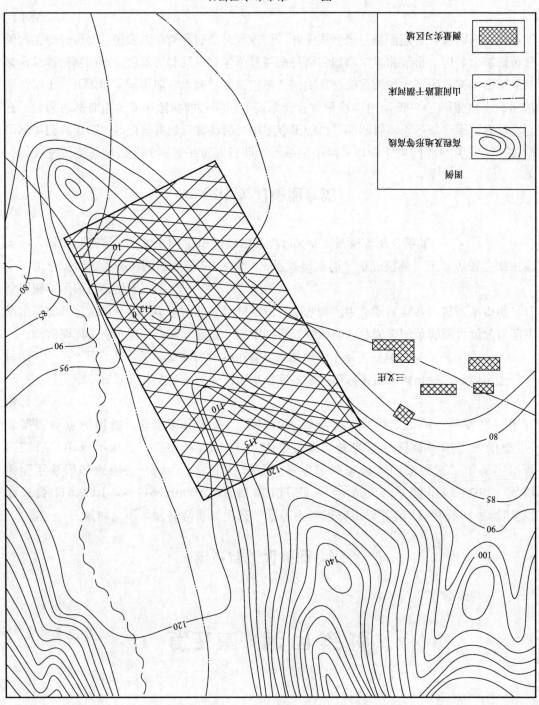

图 5-1 綜合实习底图

图例

等高线及地形点高程

山間溪流及土堤测河界

测量实习区域

三义庄

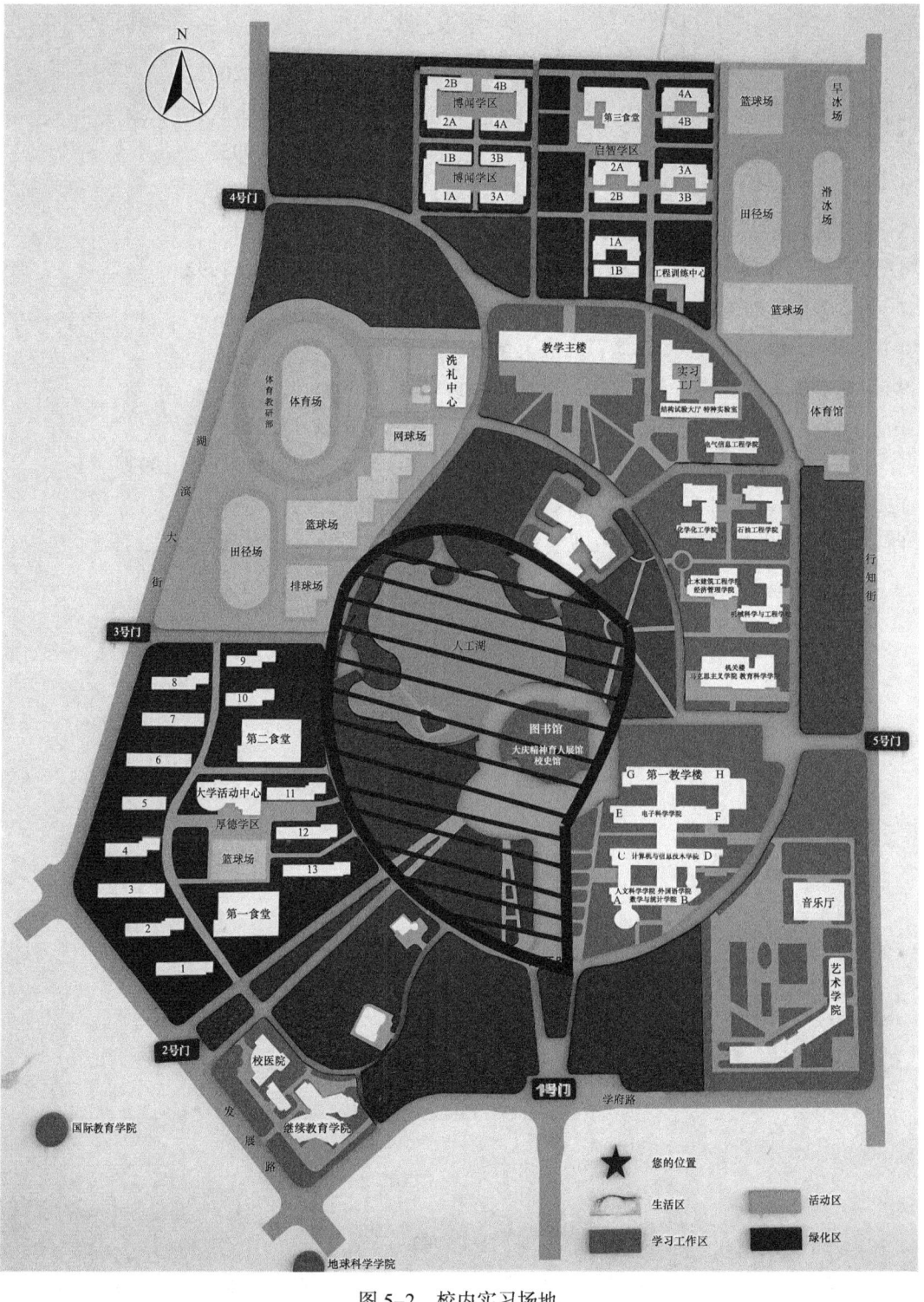

图 5-2 校内实习场地

参 考 文 献

［1］陈丽华．测量实验与实习教材．2 版．杭州：浙江大学出版社，2002．

［2］高井祥，张书毕，汪应宏，等．测量学．徐州：中国矿业大学出版社，2007．

［3］合肥工业大学．测量学．4 版．北京：中国建筑工业出版社，1995．

［4］李晓莉．测量学实验与实习．2 版．北京：测绘出版社，2006．

［5］陆付民，李利．工程测量．2 版．北京：中国电力出版社，2016．

［6］吕云麟，林凤明．建筑工程测量．武汉：武汉工业大学出版社，1992．

［7］马文来．建筑工程与测量．徐州：中国矿业大学出版社，1999．

［8］覃辉．土木工程测量．上海：同济大学出版社，2008．

［9］史兆琼．土木工程测量．北京：中国电力出版社，2006．

［10］王侬，过静珺．现代普通测量学．北京：清华大学出版社，2001．

［11］中国地质大学测量教研室．测量学实习指导书．北京：地质出版社，1993．

［12］邹永廉．工程测量．武汉：武汉大学出版社，2000．

［13］张敬伟．建筑工程测量实验与实习指导．北京：北京大学出版社，2011．